U0576300

"十四五"国家重点出版物出版规划项目
智能机器人基础理论与关键技术丛书

四足机器人液压驱动系统
轻量化设计方法

俞　滨　巴凯先　孔祥东　著

科学出版社
北　京

内 容 简 介

本书面向液压四足机器人轻量化新需求，系统介绍其液压驱动系统轻量化设计方法。全书共 8 章，主要介绍液压足式机器人、液压驱动系统及其轻量化发展历程，提出一种旋转配油形式的四足机器人新型腿部结构，建立四足机器人阀控液压系统数学模型，提出四足机器人动力机构与负载的轻量化匹配指标及修正方法、四足机器人腿部关节轻量化铰点位置优化指标及智能优化算法，以及四足机器人液压驱动系统轻量化参数匹配设计方法，搭建 YYBZ 型四足机器人仿真与实验平台进行轻量化参数匹配设计方法验证，最后对四足机器人液压驱动系统轻量化进行总结与展望。

本书适合机器人、机械电子工程及机械设计等领域研究人员学习参考，可以作为高等院校机械类和控制类等专业本科生和研究生的参考教材。

图书在版编目（CIP）数据

四足机器人液压驱动系统轻量化设计方法 / 俞滨，巴凯先，孔祥东著.
—北京：科学出版社，2025.3
（智能机器人基础理论与关键技术丛书）

ISBN 978-7-03-078016-4

Ⅰ. ①四… Ⅱ. ①俞… ②巴… ③孔… Ⅲ. ①移动式机器人-液压传动-系统设计 Ⅳ. ①TP242

中国国家版本馆CIP数据核字（2024）第034029号

责任编辑：朱英彪 李 娜 / 责任校对：任苗苗
责任印制：肖 兴 / 封面设计：有道文化

科学出版社 出版
北京东黄城根北街 16 号
邮政编码：100717
http://www.sciencep.com
北京中科印刷有限公司印刷
科学出版社发行 各地新华书店经销

*

2025 年 3 月第 一 版 开本：720 × 1000 1/16
2025 年 3 月第一次印刷 印张：14 3/4
字数：297 000

定价：139.00 元

（如有印装质量问题，我社负责调换）

前　言

　　液压足式机器人具有足式机器人和液压驱动的双重优势，环境适应能力和承载能力强，在勘探、运输、救援等军民领域具有广泛的应用前景，近年来始终属于机器人领域的研究热点方向之一。美国等西方国家已将高性能液压四足机器人列为陆军未来战场装备，我国同样高度重视足式机器人的研究。

　　液压驱动系统是液压足式机器人的核心系统之一，用于驱动机器人各关节运动，以实现机器人的各种步态运动，包含液压动力单元(也称为液压油源，用于产生高压液压油)和液压驱动单元(用于驱动机器人关节运动)。若液压驱动系统不能完全满足机器人各种步态的出力和速度需求，则将严重制约机器人的运动性能。因此，液压驱动系统的性能是机器人性能优劣的决定性因素之一，为了使液压驱动系统满足机器人的运动需求，其原始设计阶段的参数匹配方法是关键。另外，机器人自重也是影响其运动性能的重要因素之一，而液压驱动系统的质量占比大，极具轻量化潜力。如果能研究一种足式机器人液压驱动系统轻量化参数匹配方法，将有助于机器人减重，提升其负重能力、动态性能和续航能力。

　　本书作者团队以轻量化为目标，提出一种四足机器人液压驱动系统轻量化参数匹配方法，实现机器人原始设计层面的液压驱动系统减重，从而对完善足式机器人液压驱动系统设计方法、提升机器人性能和续航能力具有重要意义，为我国军工、民用相关机器人液压驱动系统的设计研究者提供借鉴与参考，并有望推广至工程机械、航空航天等领域。

　　全书共 8 章，具体章节安排如下：

　　第 1 章主要阐述足式机器人液压驱动系统轻量化的目的及意义，介绍液压足式机器人发展现状、机器人液压驱动系统轻量化等方面的技术手段等，为后续章节的研究内容提供借鉴。

　　第 2 章主要进行四足机器人液压驱动原理设计与分析，提出一种旋转配油型腿部新结构(将该型腿组成的液压四足机器人称为 YYBZ 型四足机器人)，并对四足机器人进行不同环境的动力学仿真，获得机器人各关节旋转型负载轨迹。

　　第 3 章主要研究四足机器人动力机构位置控制系统建模与校正，建立动力机构输出特性与系统有效压力间的关系，推导动力机构位置控制系统的典型数学模型，提出一种确定反馈校正和顺馈校正参数的方法，获得校正后系统的固有频率和闭环刚度，计算动力机构位置控制系统的校正系数。

　　第 4 章主要介绍四足机器人动力机构与四象限负载的轻量化匹配方法，结合轻量化需求和动力机构的驱动需求，提出融合动力机构最大需求功率、校正后系统固有频率、校正后系统闭环刚度的轻量化负载匹配指标，并设计相应的轻量化匹配方法，提出等速度平方刚度的动力机构参数修正方法。

　　第 5 章主要介绍四足机器人腿部关节轻量化铰点位置优化算法，针对串联铰接形式的四足机器人单腿，建立表征其腿部铰点位置的通用数学模型，推导机器人腿部关节液压驱动单元等效质量的通用表达式，提出铰点位置约束体系，采用智能优化算法实现四足机器人腿部关节轻量化铰点位置的自动寻优。

　　第 6 章主要介绍四足机器人液压驱动系统轻量化匹配设计方法，融合轻量化的负载匹配方法和铰点位置优化算法，针对 YYBZ 型四足机器人，设计自动匹配程序，获得机器人关节铰点位置、液压驱动单元参数和液压油源流量曲线，进而对该型机器人液压驱动系统进行三维设计。

　　第 7 章主要进行四足机器人轻量化液压驱动系统验证，设计与集成 YYBZ 型四足机器人机电液控实验系统，通过仿真与实验对比分析，证明通过轻量化的负载匹配方法获得的动力机构能满足四象限负载的驱动。

　　第 8 章主要对四足机器人液压驱动系统轻量化设计方法进行总结，并对四足机器人液压驱动系统轻量化的发展趋势进行展望。

　　本书由燕山大学俞滨教授、巴凯先教授、孔祥东教授撰写，朱琦歆博士后也参与了本书的撰写工作。在本书撰写过程中，史亚鹏参与撰写了第 1 章，黄智鹏参与撰写了第 2 章，王源参与撰写了第 3 章，王鑫宇和张帅参与撰写了第 4 章，宋颜和参与撰写了第 5 章，李化顺参与撰写了第 6 章，何小龙参与撰写了第 7 章，马国梁参与撰写了第 8 章，曹泽宇和王春雨参与了全书规范格式和图表处理工作，在此表示衷心感谢。哈尔滨工业大学袁立鹏副教授对本书内容进行了审读并提出了宝贵意见，在此表示衷心感谢。

　　本书相关研究内容得到了国家重点研发计划项目(2018YFB2000700)、国家自然科学基金优秀青年科学基金项目(52122503)、国家自然科学基金面上项目(51975506, 52475072, 52475071)、国家自然科学基金重大项目(51890881)、河北省自然科学基金项目(E2023203258, E2024203244)等的支持，在此表示衷心感谢。本书部分研究内容和成果于 2017 年获河北省科技进步奖一等奖、2019 年获上银优秀机械博士论文奖特别奖、2020 年和 2023 年获国家自然科学基金委员会机械设计与制造学科年度十佳优秀结题项目。

　　由于作者水平有限，书中难免存在一些疏漏或不足之处，恳请广大读者批评指正。

目　　录

第1章 绪 论

1.1 引 言

移动机器人是机器人的重要类型之一,常见的有足式[1-3]、轮式[4,5]、履带式[6,7]、蛇形[8,9]等运动形式,其驱动方式有电机驱动[10,11]、气压驱动[12,13]和液压驱动[14-16]。其中,足式机器人对未知、非结构环境具有良好的适应能力,间歇性的足地接触使其具备较强的越障能力,可在野外复杂环境中执行各类任务。电机驱动型足式机器人相对普遍,最具代表性的是 SpotMini[17]、ANYmal[18,19]、绝影[20]、莱卡狗(Laikago)[21]等。

液压驱动型足式机器人具备足式机器人和液压驱动的双重优势,具备承载能力强、响应速度快和运动性能强等优点,在无人作战、抢险救援、搬运探测等军民领域应用潜力巨大。目前,国际上先进的液压足式机器人以美国波士顿动力公司的四足 BigDog[22,23]系列和双足 Atlas[24]系列,以及意大利技术研究院的四足 HyQ[25,26]系列为代表,其运动性能得到了各国学者的认可。BigDog 能在诸如砂石、雪地、泥地、冰面等复杂环境下负重稳定行走,Atlas 能完成后空翻、三连跳、跑酷等高难度动作,HyQReal 能拉动 3t 重的飞机稳定行走。

我国也高度重视液压驱动型足式机器人的研究工作。从 2011 年开始,国家高技术研究发展计划(863 计划)明确提出研究高性能四足仿生机器人,并设立项目资助样机研发。2015 年,智能机器人成为我国大力推动的重点领域之一。2018 年开始,科技部连续多年发布了国家重点研发计划"智能机器人"重点专项年度项目申报指南。2021 年 3 月,国家公布"十四五"规划纲要,重点提到的高端装备和人工智能等领域均涉及足式机器人相关研究。2021 年 12 月底,多部门联合印发了《"十四五"机器人产业发展规划》,明确提及"机器人轻量化设计技术"为机器人核心技术攻关行动的共性技术之一,表明了机器人及其轻量化技术的重要性。

四足机器人的液压驱动系统是机器人的动力来源,包含液压动力单元(也称为液压油源,用于产生高压液压油)和液压驱动单元(用于驱动机器人关节运动)。目前,国外在液压足式机器人方面的研究主要集中于机器人的顶层控制、导航和结构设计等方面,未见详细的足式机器人液压驱动系统设计方法;国内针对液压足式机器人液压驱动系统提出了多种设计方法,但不同方法存在较大差异,例如,部分足式机器人液压驱动系统按液压传动系统进行设计,部分按机器人关节最大负载力和最大负载速度进行设计并计算系统参数,也就是说,现存的各种足式机器人液压驱动系统设计方法仍不统一,尚未形成体系和相关标准。

液压驱动系统的性能是机器人性能优劣的决定性因素之一,若其不能完全满足机器人各种步态的出力和速度需求,则将严重制约机器人的运动性能,Atlas 将难以完成各种高难度动作,HyQReal 也难以拉动 3t 重的飞机稳定行走。另外,若机器人液压驱动系统裕度过大,则会增加液压驱动系统的质量,影响机器人的动态性能。因此,在液压足式机器人设计过程中,机器人液压驱动系统轻量化设计方法显得尤为重要。

对于移动装备,其自身质量制约着装备机动性能、承载能力和续航能力的进一步提升。若移动装备能进一步减重,则不仅可以提升装备性能,还可以实现节能减排、减少运营成本等目标。例如,在各类移动装备中:火箭末级舱段减重 1kg,其运力可提升 1kg,新增利润 2 万美元;某战略导弹末级舱段减重 1kg,其射程可提升 18km;泵车减重 10%,可使油耗降低 6%~10%[27];Atlas 减重 47%,实现了从平地行走到高难度跳跃的突破[28-30];飞机每减重 1%,性能提高 3%~5%,且可以降低燃油消耗,提高载重,降低运营成本[31]。为满足高端移动装备的轻量化需求,我国多种型号的军用移动装备已开始遵循整机设计承载能力不大于实际工况最大载荷 120%的要求,否则判定为未充分挖掘机体潜能,设计不达标。

针对四足机器人液压驱动系统的轻量化设计,主要分为两个方面。其一,在机器人液压驱动系统参数原始设计阶段,匹配计算合适的参数,以保证在机器人正常驱动需求下,质量尽可能小,即获得轻量化参数;其二,已知液压驱动系统的基本参数,对液压元部件进行轻量化设计制造。

本书重点内容为第一个方面,将以轻量化为目标,研究一种四足机器人液压驱动系统轻量化参数匹配方法,以获得四足机器人液压驱动系统的轻量化参数,实现其原始设计层面的减重。该研究工作对完善足式机器人液压驱动系统设计方法、实现机器人减重、提升机器人性能和续航能力具有重要意义。

1.2　液压足式机器人的发展现状

1.2.1　液压足式机器人及其驱动系统

1. 国外液压足式机器人及其驱动系统

1968 年,美国通用电气公司研制出 Walking Truck[32],其为世界上首台液压四足机器人,为足式机器人的研究开辟了新道路。时至今日,美国、意大利、日本、德国等均开展了液压足式机器人方面的研究工作,其中,美国波士顿动力公司和意大利技术研究院(Italian Institute of Technology, IIT)的研究成果最为典型。国外代表性液压足式机器人的发展历程如图 1.1 所示。

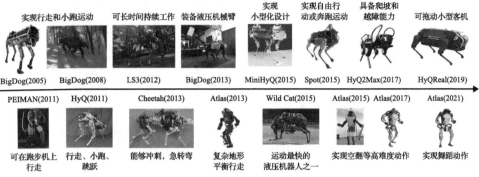

图 1.1 国外代表性液压足式机器人的发展历程

2005 年、2006 年、2008 年和 2013 年，美国波士顿动力公司推出了不同版本的 BigDog 四足机器人，如图 1.2 所示。该机器人以内燃机驱动一台液压变量泵，高压油通过液压管路输送至 12 个定制的高性能腿部关节驱动器，以驱动各关节运动，其液压系统原理和液压油源布置图分别如图 1.2(e)、(f)所示[33]。其中，2008 年版 BigDog 的原动机为一台功率约为 11kW 的水冷二冲程内燃机，液压驱动系统功率为 12.5kW，系统供油压力为 21MPa，关节执行器的电液伺服阀采用美国穆格公司的 30 系列伺服阀，具备很高的频率响应。2013 年公开的 BigDog 在机身增加了机械臂，可实现抛掷重物，增加了机器人的功能性[22,34,35]。

2012 年，美国波士顿动力公司在 BigDog 的基础上研发出足式步兵班组支援系统 LS3(legged squad support system)，如图 1.3 所示。该机器人的髋横摆液压执行器为双液压缸结构，有利于增强执行器的整体刚性，机器人自重 590kg，有效载荷 181kg，最大航程 32km，可连续运行超过 24h[23,35]。

2015 年，美国波士顿动力公司开发出 Spot 四足机器人，如图 1.4 所示，其自重约 75kg，可背负 45kg 的有效载荷自由行动或奔跑。其采用电池能源提供动力，电动和液压混合驱动，运行时没有燃油发动机产生的噪声，相比 BigDog 等四足机器人安静了很多，可以在室内和室外使用[36]。

(a) 2005年版BigDog   (b) 2006年版BigDog   (c) 2008年版BigDog   (d) 2013年版BigDog

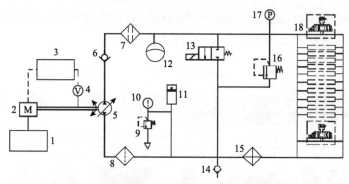

1-燃油箱；2-原动机；3-控制器；4-电压传感器；5-变量泵；6-单向阀；7-高精度过滤器；8-一般过滤器；
9-安全阀；10-温度计；11-油箱；12-蓄能器；13-电磁开关阀；14-单向阀；15-冷却器；16-溢流阀；
17-压力传感器；18-液压驱动单元

(e) 液压系统原理

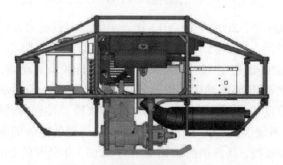

(f) 液压油源布置图

图 1.2　BigDog 系列四足机器人

图 1.3　LS3 四足机器人

　　除液压四足机器人外，美国波士顿动力公司还推出了 Atlas 液压双足机器人，如图 1.5 所示。2013 年版 Atlas 身高 1.8m，体重 150kg，行走速度 0.5m/s，由机身外置电缆供电，依靠 28 个液压执行器实现各种动作，能在实验室中走过铺满石块的道路而不摔倒，在推力比较小时，可以单腿保持站立[37]。2015 年版 Atlas 采用全新的结构设计，由航空级铝和钛制造，身高 1.88m，体重 156.5kg。该版本脱离

图 1.4 Spot 四足机器人

(a) 2013年版　　(b) 2015年版　　(c) 2017年版　　(d) 2021年版

5kW/5kg

(e) Atlas部分结构分解图

图 1.5 Atlas 液压双足机器人及其部分结构分解

了电缆的束缚,采用其身后 3.7kW·h 的锂离子电池背包供电,能持续 1h 直立行走、站立和使用工具等,亦能在摔倒时自己爬起来[38]。

2017 年版 Atlas 利用拓扑优化和增材制造技术进行了大幅减重,该版本身高 1.75m,体重 82kg,与 2013 年版相比减重约 45.3%。图 1.5(e)为 Atlas 部分结构分解图,其腿部由 3D 打印而成,内部嵌入制动器和液压管,具有高强度/质量比的晶格以及类似人类骨骼的多孔结构,既保证了强度,又减轻了质量。在驱动方面,采用 3D 打印制作了更小巧、更轻质的伺服阀和液压油源,液压油源的功率密度达

5kW/kg[39]。该机器人能够实现后空翻、单脚三连跳和过独木桥等高难度动作[40]。

2021 年，美国波士顿动力公司推出了最新款 Atlas，其身高 1.5m，体重 80kg，行走速度可达 1.5m/s。网络公开的视频资料显示，该机器人能熟练地完成垂直起跳、跨越障碍、后空翻、跳舞和跑酷等动作，其优异的运动性能已成为高性能足式机器人发展的新标杆[24, 41]。

除美国波士顿动力公司外，IIT 是最具代表性的液压足式机器人研究机构。2010 年，IIT 研制出液压四足机器人 HyQ，如图 1.6 所示。该机器人每条腿均有 3 个自由度，其中侧摆由电机驱动，另外两个关节由非对称液压缸驱动，最大压力 16MPa，关节转矩达 145N·m。HyQ 能以爬行或对角小跑(Trot)步态运动，并具有一定的抗侧向扰动能力，最快前进速度可达 2m/s[42]。

图 1.6　HyQ 四足机器人

2015 年，IIT 设计出一款迷你液压四足机器人 MiniHyQ，如图 1.7(a) 所示。该机器人侧摆关节采用单叶片式摆动缸，摆动范围为 0°～220°，可输出 60N·m 转矩，如图 1.7(b) 所示[43]。2017 年，IIT 研制出四足机器人 HyQ2Max，如图 1.8(a) 所示，该机器人侧摆采用双叶片式摆动缸，摆动范围为 0°～100°，可输出 170N·m 转矩，如图 1.8(b) 所示。与 HyQ 相比，该机器人腿部结构由航空级铝合金和轻量玻璃纤维打造，降低了自重，能够在平坦/不平坦道路上小跑、爬行，拥有平衡能力和自扶正能力[25]。

(a) MiniHyQ四足机器人模型　　　　　(b) MiniHyQ单叶片式摆动缸

图 1.7　MiniHyQ 四足机器人及其摆动缸

(a) HyQ2Max四足机器人　　　　　　(b) HyQ2Max双叶片式摆动缸

图 1.8　HyQ2Max 四足机器人及其摆动缸

2019 年，IIT 推出了最新款的液压四足机器人 HyQReal，如图 1.9(a)所示。该机器人液压系统压力 20MPa，其腿部关节为美国穆格公司通过增材方式制造的集成式智能执行器(integrated smart actuator, ISA)，如图 1.9(b)所示，腿部 3 个关节的最大转矩分别可达 165N·m、270N·m 和 240N·m，可拉动一架 3t 重的飞机行走[26]，如图 1.9(c)所示。

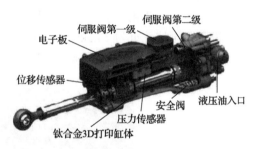

(a) HyQReal四足机器人　　　　　　(b) 集成式智能执行器

(c) HyQReal拉动飞机

图 1.9　HyQReal 四足机器人

2. 国内液压足式机器人及其驱动系统

2011 年，我国将高性能四足仿生机器人列入"863 计划"，在相关项目的推动下，国内多所高等院校和科研单位开始进行液压足式机器人的研发工作。图 1.10

为国内典型液压足式机器人发展历程。

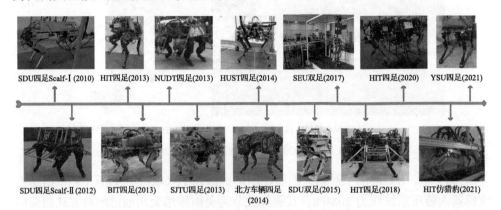

图 1.10　国内典型液压足式机器人发展历程

2010 年、2012 年、2019 年山东大学 (Shandong University, SDU) 分别研发了液压四足机器人 Scalf-I[44]、Scalf-Ⅱ[45]和 Scalf-Ⅲ[46]。Scalf-Ⅲ四足机器人如图 1.11 所示，该机器人一体化关节驱动器功重比约为 7kW/kg，由燃油发动机提供动力，机器人机载液压站总重为 23.5kg，最高工作压力为 21MPa，最大流量可以提升至 80L/min，最大连续工作功率不超过 28kW，其液压系统原理与图 1.2(e) 类似。

图 1.11　Scalf-Ⅲ四足机器人

2013 年，哈尔滨工业大学 (Harbin Institute of Technology, HIT) 研发了液压四足机器人，如图 1.12(a) 所示。该机器人的动力系统主模块如图 1.12(b) 所示，动力源是最大扭矩点转速为 12000r/min 的单缸两冲程水冷发动机 (Italian American motor engineering X30, IAME X30)，液压泵为恒压变量柱塞泵。通过配置旋转关节和液压缸连接点的相对位置，优化液压缸相对于腿部关节的作用力臂，保证在极端条件下液压伺服阀的流量和液压缸的输出力在合理范围之内。该机器人在平坦道路上的行走速度可达 4km/h[47]。

2013 年，北京理工大学 (Beijing Institute of Technology, BIT) 研制出一款液压四足机器人，如图 1.13 所示。该机器人的原动机为发动机，最大功率 35kW，最高转速 10400r/min，液压系统输出压力 21MPa，能实现 Trot 等步态，最大移动速度 4km/h，行走最大坡度为 30°[48]。

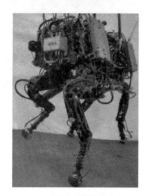
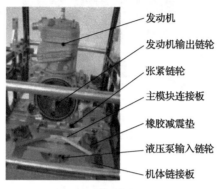

(a) 液压四足机器人　　　　　　　　　(b) 动力系统主模块

图 1.12　HIT 研发四足机器人

图 1.13　BIT 研发四足机器人

2013 年，国防科学技术大学 (National University of Defense Technology, NUDT) 研制出液压驱动型四足机器人，如图 1.14 (a) 所示。该机器人参考了人工肌肉原理，设计了可变作用面积的液压执行器，如图 1.14 (b) 所示，配合两级供能液压系统，其原理如图 1.14 (c) 所示，可提高机器人的能源利用率[49]。2017 年，研发出第二代液压四足机器人，如图 1.14 (d) 所示。该机器人大小与一只山羊相当，重约 80kg，采用扭矩控制，最大运行速度可达 6km/h[50-52]。

2013 年，上海交通大学 (Shanghai Jiao Tong University, SJTU) 研制出名为 "小象" 的液压四足机器人，如图 1.15 (a) 所示。该机器人髋部有 3 个主动自由度，踝部有 3 个被动自由度，由锂电池作为电源，通过电动机带动液压泵工作，压力油驱动电机液压复合驱动器 (其将电机、阀芯、阀套和缸筒进行了高度集成，如

(a) 第一代四足机器人

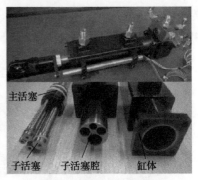
(b) 可变作用面积的液压执行器

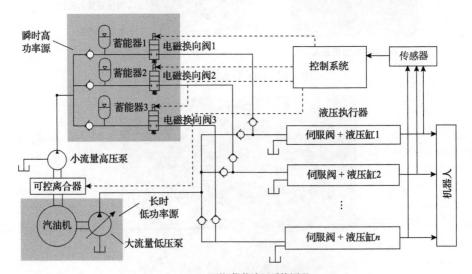
(c) 两级供能液压系统原理

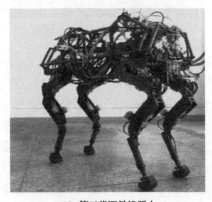
(d) 第二代四足机器人

图 1.14 NUDT 研发四足机器人

(a) "小象" 机器人   (b) Hy-Mo驱动器

图 1.15 SJTU 研发四足机器人及其关节驱动器

图 1.15(b)所示),从而带动并联机构实现机器人运动。该机器人具备平衡自恢复能力,可实现 Trot 步态,最大移动速度 4km/h[53]。

截至 2022 年,燕山大学(Yanshan University, YSU)在液压足式机器人驱动器设计及其控制方面[54-57]已取得诸多研究成果,并与合作单位共同研制出液压双足、四足机器人。华中科技大学(Huazhong University of Science and Technology, HUST)、东南大学(Southeast University, SEU)、中国北方车辆研究所、深圳航天科技创新研究院、江苏集萃智能制造技术研究所有限公司等也研制出液压四足或双足机器人,可实现步态行走。

1.2.2 液压驱动系统负载匹配

液压驱动系统负载匹配为动力机构的输出力和速度,需满足负载力和负载速度要求,需要通过对负载轨迹与动力机构输出特性的比较来确定。通过改变液压动力机构的参数可调整其输出特性曲线,以满足包络负载轨迹,实现动力机构驱动负载的目标。

图 1.16 为传统动力机构与负载匹配图形。选取负载的最大功率点和动力机构的最大输出功率点重合,并将 2/3 的系统压力用于产生驱动力,1/3 的系统压力用于控制阀的节流损失而产生流量,从而匹配计算动力机构参数,这种匹配方法称为最佳负载匹配[58-60]。

2014 年,钟建锋[61]通过负载站立、对角步行、原地起跳、20°斜坡行走和侧踹恢复的运动方式得到四足机器人腿部末端受力,并由腿部工作空间到液压缸驱动空间的转化计算得到液压缸出力。不同姿态下髋关节液压缸受力如图 1.17 所示。规划各种运动工况下四条腿的末端运动轨迹,并通过机器人工作空间到驱动空间的转化得到各液压缸的位移,计算机器人各关节液压缸的流量。先确定液压缸内径和活塞杆尺寸,然后根据载荷反算出系统压力;根据液压缸运行速度确定比例阀的流量,并考虑阀的压力-流量特性选定比例阀的型号。

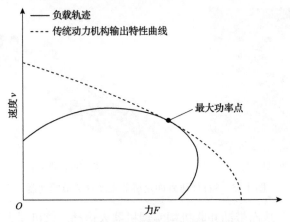

图 1.16　传统动力机构与负载匹配图形

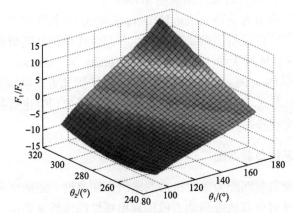

图 1.17　不同姿态下髋关节液压缸受力

θ_1 和 θ_2 分别为髋关节和膝关节的关节角度；F_1 和 F_2 分别为髋关节液压缸受力和腿部足端受力

　　2017 年，意大利技术研究院 Semini 等[25]设计出液压四足机器人 HyQ2Max。针对该机器人的关节阀控液压缸驱动器参数计算问题，首先对机器人进行 7 种步态的动力学仿真，获得机器人各关节角度范围、转矩和转速等数据，在保证关节驱动器驱动性能的前提条件下，采用一种综合考虑关节负载力和速度的优化算法来优化液压驱动器的尺寸。图 1.18 为机器人三关节优化前后驱动器与伺服阀的压力流量对比。

　　2017 年，Hyon 等[62]设计出一种力矩控制的液压仿人机器人 TaeMu。在该机器人关节阀控液压缸驱动器的设计中，根据机器人各关节运动角度和转矩之间的关系，通过调整关节力臂来计算系统压力和驱动器液压缸尺寸，并进行往复若干次调整计算，最终使关节驱动器满足运动关节的最大力和最大速度需求。

　　2019 年，中国飞机强度研究所王鑫涛等[63]针对匹配飞机结构强度实验中阀控缸系统的伺服阀和液压缸参数采用经验公式计算会导致匹配出现较大误差，使伺服阀规格偏小或功率利用率低的问题，提出采用负载匹配方法，通过液压缸的负载特性曲线与伺服阀的压力-流量特性曲线之间的关系，结合实际实验件特性以及实验所采用的设备，使伺服阀的压力-流量特性曲线能包络液压缸的负载特性曲线，并使两者之间的区域尽可能小。图 1.19 为伺服阀与液压缸匹配曲线。

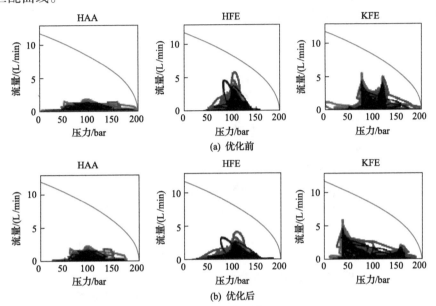

图 1.18 机器人三关节优化前后驱动器与伺服阀的压力流量对比

HAA 为髋外展/内收 (hip abduction/adduction)，HFE 为髋屈曲/伸展 (hip flexion/extension)，

KFE 为膝屈曲/伸展 (knee flexion/extension)；1bar=10^5Pa

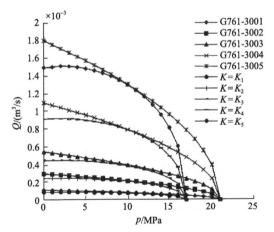

图 1.19 伺服阀与液压缸匹配曲线

$K_1 \sim K_5$ 代表实验件刚度；G761 代表 MDOG 公司生产的 G761 系列电液伺服阀；

3001～3005 代表 G761 系列电液伺服阀的不同规格

2019 年，哈尔滨理工大学的刘萌萌[64]针对液压四足机器人的阀控液压系统，通过机器人动力学仿真获得了作动器的负载轨迹；参照最优负载匹配[65, 66]，通过改变作动器参数来调整其输出特性曲线，建立如图 1.20 所示的作动器输出特性曲线与负载轨迹的匹配模型；并根据匹配规则确立作动器的最优负载匹配参数，使作动器动力机构的输出特性曲线能够包络负载轨迹，且作动器动力机构的输出特性曲线与负载轨迹之间的包围面积最小[64,67,68]。

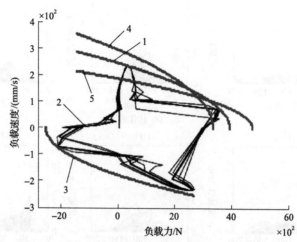

图 1.20　作动器输出特性曲线与负载轨迹的匹配模型
曲线 3 表示负信号下的输出特性曲线；曲线 2 表示机器人 Trot 步态下的负载轨迹；
曲线 1、4、5 表示正弦信号下的负载输出特性曲线

2021 年，Sun 等[69]设计出一种用于下肢外骨骼的新型液压驱动系统，以电动静液作动器为原型，可应用于机器人的髋关节和膝关节；通过行走和下蹲的动力学仿真得到外骨骼在该工况下的关节运动角度、最大出力和速度，并根据关节运动角度需求确定了液压缸的行程、最大出力和速度，匹配计算了液压缸的尺寸和阀参数。

除上述文献涉及的领域外，液压驱动系统负载匹配也广泛应用于其他液压驱动系统参数计算中[70-73]，在液压驱动系统节能设计过程中亦采用了负载匹配[74-77]。液压驱动系统的负载匹配虽在应用场合和匹配形式方面存在差异，但其匹配方法主要包括：采用动力机构的最大输出功率点与负载的最大功率点重合，匹配计算动力机构的参数；由于全周期的负载特性不易获取，在实际工程中通常用负载的最大速度和最大出力代替负载的最大功率点，计算动力机构参数；若系统对性能要求较高，则通过系统的固有频率匹配计算动力机构参数。

1.2.3　轻量化优化算法

目前，大部分学者主要通过材料、设计和工艺等手段实现轻量化，诸如非金

属材料的应用[78,79]、集成化和小型化设计[80,81]、增材制造[81,82]，也有部分学者通过对原有零部件进行结构或尺寸优化，来实现产品的轻量化设计及优化[83-86]。

2011 年，北京理工大学 Ma 等[87]为了实现以骡子为原型的液压四足机器人重载和对各种地形适应能力的目标，对其动力机构进行了优化研究。通过建立四足机器人的数学模型，推导出描述四足机器人运动状态的运动学方程和动力学方程，并据此规划了四足机器人的足端轨迹。根据该足端轨迹，以单腿流量最小为目标函数，采用粒子群优化算法优化了关节驱动力臂和关节执行器首尾长度，通过这两个参数的优化，机器人单腿流量由 3.35L/min 减小至 2.177L/min。图 1.21 为机器人单腿二维结构示意图。

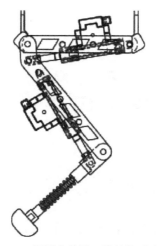

图 1.21　机器人单腿二维结构示意图

2017 年，武汉理工大学 Yin 等[88]对机械臂的轻量化进行了研究，将轴向磁通永磁体(axial flux permanent magnet, AFPM)电机嵌入机器人关节中实现轻量化设计，嵌入机器人关节的 AFPM 电机模型如图 1.22 所示。以 AFPM 电机总质量最小为目标函数，以结构尺寸和电磁参数为设计变量，以运动学性能、动力学性能和电磁性能为约束，采用复合形法[89]迭代计算获得最优解。优化结果表明，AFPM电机总质量由 0.68kg 减小至 0.46kg，减少了 32.4%。2019 年，Yin 等[90]采用碳纤维增强塑料(carbon fiber reinforced plastics, CFRP)和铝合金(aluminum alloy, AA)设计了轻量化机械臂，CFRP/AA 混合结构轻量化机械臂如图 1.23 所示。以机械臂的总质量最小为目标函数，将混合结构的尺寸和层参数作为待优化设计参数，以强度、刚度和受力等为约束条件。采用快速非支配排序遗传算法(non-dominated sorting genetic algorithm II, NSGA-II)[91]进行结构分析和迭代计算。最终，与之前的铝合金样机相比，机械臂的总质量降低了 24.32%[92]。

2018 年，Elasswad 等[93]设计了一款轻型液压制动器，并将其应用于液压仿人

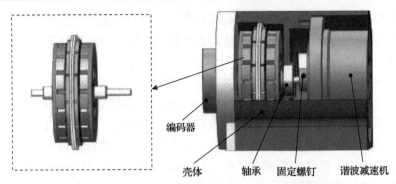

编码器

壳体　　轴承　　固定螺钉　　谐波减速机

图 1.22　嵌入机器人关节的 AFPM 电机模型

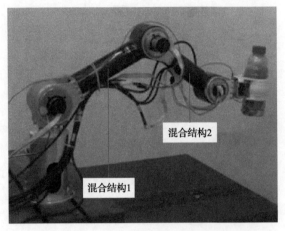

混合结构2

混合结构1

图 1.23　CFRP/AA 混合结构轻量化机械臂

机器人 HYDROID。在该机器人中，制动器总质约 38kg，占比为 30%，采用碳纤维复合材料制造制动器，并以制动器总质量最小为目标进行优化设计。以膝关节为例，站姿状态的膝关节受力如图 1.24 所示，在满足机器人运动学与动力学条件下，采用碳纤维复合材料制造液压缸主体，并按照实际需求，以尼龙、铝合金等材料制造相应的配合零件。在初步确定液压缸外径、内径等参数(图 1.25)后，以筒体、活塞、活塞杆、端盖质量为参数，采用遗传算法寻求最优解，最终使得所设计的制动器总质量由原来的 38kg 减小为 10kg。

　　2021 年，Chevallereau 等[94]针对机器人直线电机效率对其连接点位置高度敏感的问题，设计了如图 1.26 所示的机器人腿部的 8 种驱动方案。以实现相同的足端轨迹为前提条件，以驱动电机的最小力和三个驱动电机最小力的平方范数的积分为优化指标，采用 MATLAB 优化工具箱进行优化，获得不同驱动方案的最佳连接点位置，并得到了所需的直线电机力最小驱动方案。

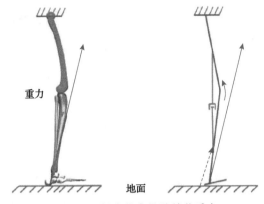

图 1.24　站姿状态的膝关节受力

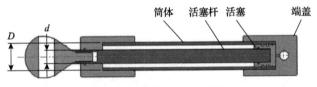

图 1.25　液压缸的设计参数

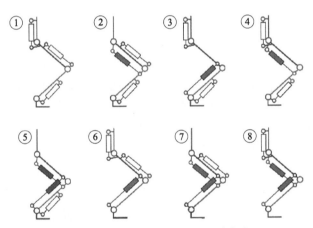

图 1.26　机器人腿部的 8 种驱动方案

2021 年，北京工业大学 Ding 等[95]为实现双足仿人机器人腿的轻量化设计，提出了一种新的优化算法。以机器人腿部质量最小为优化目标，以电机和变速箱模型相关参数为设计变量，以机器人的运动速度和运动稳定性为约束条件，在动力学软件中建立了机器人动力学仿真模型，并利用三维线性倒立摆进行了步态规划，通过运动控制算法生成机器人的动力学动作，并对其进行实时控制，从而完成优化设计。优化结果表明，机器人腿的总质量降低了 25.5%，优化前后的机器人关节质量对比如图 1.27 所示。

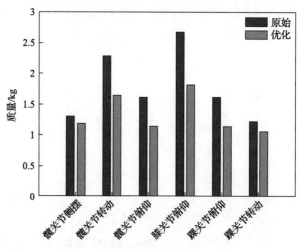

图 1.27　优化前后的机器人关节质量对比

以上主要列举了机器人方面的轻量化优化算法,除此之外,在汽车[96-99]、工程机械[100-103]、飞机[104-107]等领域同样存在轻量化设计及优化方面的研究成果。

1.3　本书主要内容

四足机器人液压驱动系统的轻量化设计主要分为两个阶段:第一个阶段是在设计液压驱动系统的原始参数时,精确匹配合适的参数,以保证在满足机器人驱动需求的条件下,其质量尽量小,即获得轻量化参数;第二个阶段是在获得液压驱动系统的参数后,对液压元部件进行轻量化设计制造,如通过拓扑优化、一体化集成、非金属材料应用等实现轻量化。

本书以第一个阶段的轻量化参数匹配为研究内容,为了最大限度地使四足机器人液压驱动系统减重,摒弃先设计机器人结构再匹配设计液压驱动系统的传统思路,在机器人腿部结构设计时考虑液压驱动单元的布置方案(铰点位置的选取),同时匹配液压驱动单元和液压油源参数,从四足机器人整体设计中寻求液压驱动系统更大幅度的减重。本书各章节间关系图如图 1.28 所示,在对国内外研究现状充分调研和对四足机器人液压驱动原理设计与分析的基础上,拟从四象限负载的轻量化匹配方法、铰点位置优化、四足机器人液压驱动系统轻量化匹配设计、四足机器人轻量化液压驱动系统验证等方面展开研究,通过各部分内容有机结合,最终形成一种四足机器人液压驱动系统轻量化参数匹配方法。本书共 8 章,具体章节安排如下。

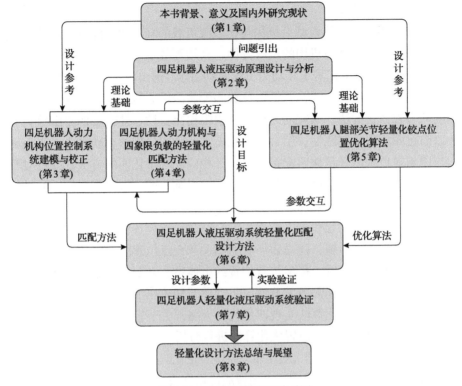

图 1.28 本书各章节间关系图

　　第 1 章主要介绍本书背景、意义及国内外研究现状。明确四足机器人液压驱动系统是机器人性能优劣的决定性因素之一，阐述其轻量化的目的及意义，介绍液压足式机器人发展现状、机器人液压驱动系统轻量化方面的技术手段等。

　　第 2 章主要进行四足机器人液压驱动原理设计与分析，以一种典型液压四足机器人为例，分析整机及其液压驱动系统组成，提出一种旋转配油型腿部新结构（将该型腿组成的液压四足机器人称为 YYBZ 型四足机器人）；推导四足机器人运动学、关节角度与液压驱动单元伸出长度的映射关系，规划四足机器人不同步态的足端轨迹，并对四足机器人进行不同环境的动力学仿真，获得机器人各关节旋转型负载轨迹；以四足机器人液压驱动系统轻量化为目标，结合机器人液压驱动系统参数类型及特点，分析液压驱动系统轻量化参数匹配的关键技术。

　　第 3 章主要介绍四足机器人动力机构位置控制系统建模与校正。针对阀控液压系统，建立其数学模型，推导阀的流量方程、液压缸的流量连续性方程以及力平衡方程三大基本方程。提出系统有效压力的概念，以描述动力机构四象限输出特性。针对典型的动力机构位置控制系统，分析其开环/闭环特性，采用反馈和顺馈结合方式校正位置控制系统，并计算校正系数，计算适应实际系统的校正系数，以进一步提高系统性能。

第 4 章介绍四足机器人动力机构与四象限负载的轻量化匹配方法。针对阀控液压系统，阐述液压动力机构的负载特性，介绍等效负载计算和负载匹配的基本原理，结合机器人轻量化需求和动力机构驱动需求，提出轻量化的负载匹配指标，设计轻量化的负载匹配方法，并针对负载匹配后的动力机构参数，提出等速度平方刚度的参数修正方法；研究动力机构四象限输出特性，并提出四象限负载等效方法以简化四象限负载匹配；结合轻量化需求和动力机构的驱动需求，提出动力机构与四象限负载的轻量化匹配指标，设计相应的轻量化匹配方法，并针对轻量化匹配的动力机构参数，设计参数修正方法；以某一四象限负载为例，通过仿真验证轻量化匹配方法的有效性。

第 5 章主要介绍四足机器人腿部关节轻量化铰点位置优化算法。针对串联铰接形式的四足机器人单腿，建立表征其腿部关节铰点位置的通用数学模型，针对机器人腿部关节铰点位置，提出铰点位置约束体系，判断和筛选符合条件的铰点位置；提出融合机器人腿部各关节液压驱动单元和液压油源等效质量的铰点位置优化指标，采用智能优化算法实现四足机器人腿部关节轻量化铰点位置的自动寻优，并以某示例对关节铰点位置优化算法进行分析与验证。

第 6 章主要介绍四足机器人液压驱动系统轻量化匹配设计方法。融合轻量化的负载匹配方法和铰点位置优化算法，采用智能优化算法，提出四足机器人液压驱动系统轻量化参数匹配方法，并设计相应的自动匹配程序；针对 YYBZ 型四足机器人，分别提出确定轻量化负载匹配指标权重系数和关节铰点位置优化指标权重系数的方法，再采用上述自动匹配程序，获得 YYBZ 型四足机器人关节铰点位置、液压驱动单元结构参数和液压油源流量，进而对该型机器人液压驱动系统进行三维设计。

第 7 章主要介绍四足机器人轻量化液压驱动系统验证。介绍四足机器人实验系统组成，搭建液压驱动单元仿真与实验系统，验证动力机构与四象限负载的轻量化匹配方法；搭建 YYBZ 型四足机器人单腿实验系统，验证机器人关节运动边界和机器人减重效果，并与传统液压四足机器人单腿进行对比，验证 YYBZ 型四足机器人单腿的运动性能；搭建 YYBZ 型四足机器人整机仿真模型与实验台，进行不同工况的实验，以验证 YYBZ 型四足机器人液压驱动系统满足设计要求。

第 8 章主要将本书所涉及的轻量化原理及设计方法进行总结，归纳出四个主要研究内容与三个创新点，并对相关研究内容进行展望，提出将轻量化与自然界仿生技术、控制技术和增材制造技术相融合的三个发展方向，为读者的学习研究提供参考。

第2章 四足机器人液压驱动原理设计与分析

2.1 引 言

液压驱动系统是四足机器人的核心系统之一，负责按需求驱动机器人各关节运动，以实现机器人的各种步态。机器人液压驱动系统质量占整机质量的比例大，影响机器人的负重及运动性能。四足机器人液压驱动系统的传统设计方法裕度偏大，虽满足了设计需求，但会造成能力浪费，也会增加液压驱动系统质量，影响四足机器人的负重及动态性能。因此，面向机器人轻量化需求，有必要研究一种四足机器人液压驱动系统轻量化参数匹配方法。本章主要进行四足机器人液压驱动原理设计与分析，为后续章节提供理论及数据基础。图2.1为本章主要内容关系图。

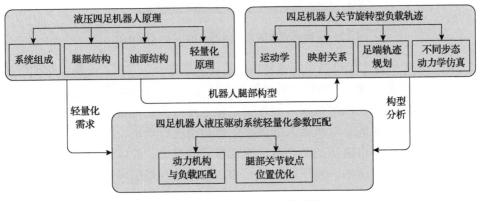

图 2.1 第 2 章主要内容关系图

本章以一种典型的液压四足机器人为例，分析其系统组成，并对其液压驱动系统进行轻量化设计，提出一种旋转配油型腿部新结构；推导四足机器人运动学、关节角度与驱动单元伸出长度的映射关系，规划四足机器人不同步态的足端轨迹，并对四足机器人进行不同环境的动力学仿真，获得机器人各关节旋转型负载轨迹（即关节转矩与转速形成的负载轨迹）；以四足机器人液压驱动系统轻量化为目标，结合机器人液压驱动系统参数类型及特点，分析液压驱动系统轻量化参数匹配的关键技术。

2.2　液压四足机器人原理

2.2.1　液压四足机器人系统组成

目前，多款具有代表性的国内外液压四足机器人主要由机械系统、液压驱动系统和控制系统三大部分组成。若类比于四足动物，则其分别类似于动物的骨骼、内脏及肌肉、大脑及神经。一种典型液压四足机器人的主要结构组成如图 2.2 所示。

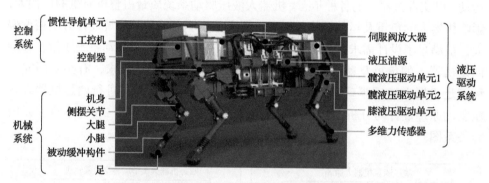

图 2.2　一种典型液压四足机器人的主要结构组成

液压四足机器人的机械系统主要由机身、侧摆关节、大腿、小腿、被动缓冲构件、足等组成，通常由钢材和铝材等加工制造而成，其功能是进行运动以及支撑和保护机身；液压四足机器人的控制系统主要由惯性导航单元、工控机、控制器等组成，其功能是对机器人的各类行走运动进行规划；液压四足机器人的液压驱动系统主要由液压油源和液压驱动单元等组成，液压油源的功能是向液压驱动单元提供高压油，液压驱动单元的功能是按规划信号驱动机器人各关节运动。

在液压四足机器人的上述三大系统中，液压驱动系统是机器人的动力来源及运动保障，也是机器人完成各种步态的基础。在国内外研制的液压四足机器人整机中，液压驱动系统质量占比大，以 HyQ 四足机器人为例[42]，其液压驱动系统占整机质量超过 55%(不包括 4 个侧摆关节)，若 4 个侧摆关节也采用液压驱动，则机器人液压驱动系统质量占整机质量将超过 60%。因此，四足机器人液压驱动系统轻量化是实现整机减重的重要途径之一。

2.2.2　液压四足机器人腿部结构

目前，液压足式机器人单腿大多采用的是图 2.3(a) 所示的结构形式，通过液

压缸 *EF* 来驱动小腿的运动，而大腿 *AD* 则作为单独的支撑结构，由液压缸 *BC* 驱动。这样，整个机器人单腿的体积和质量都比较大，不利于机器人整体性能的提升。以图 2.3(b)中的液压单腿实验台为例，单腿的整体质量为 16.5kg，而作为支撑结构的髋膝关节外架，即使采用强度较高且质量较轻的 7075 铝合金，质量仍将达到约 2kg。机器人关节外架如图 2.4 所示，外架质量约占单腿总质量的 12.1%。

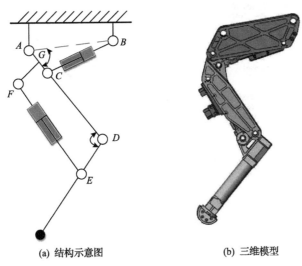

(a) 结构示意图　　　　　　(b) 三维模型

图 2.3　传统足式机器人腿部结构

以马腿为例，实际的马腿运动是通过肌肉和肌腱的配合实现的，肌腱作为桥梁和纽带连接肌肉和骨组织，肌肉收缩，肌腱带动骨组织缩回，肌肉舒张，肌腱带动骨组织伸出。马腿肌肉肌腱图如图 2.5 所示。

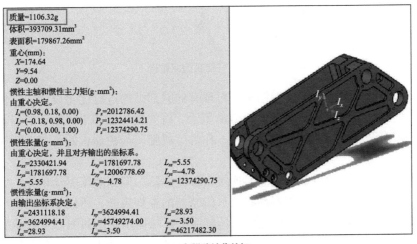

(a) 大腿髋关节外架

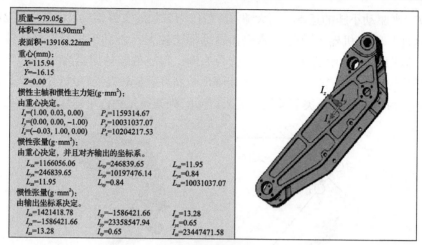

质量=979.05g
体积=348414.90mm³
表面积=139168.22mm²
重心(mm):
　X=115.94
　Y=-16.15
　Z=0.00
惯性主轴和惯性主力矩(g·mm²):
由重心决定。
　I_x=(1.00, 0.03, 0.00)　　P_x=1159314.67
　I_y=(0.00, 0.00, -1.00)　　P_y=10031037.07
　I_z=(-0.03, 1.00, 0.00)　　P_z=10204217.53
惯性张量(g·mm²):
由重心决定,并且对齐输出的坐标系。
　L_{xx}=1166056.06　　L_{xy}=246839.65　　L_{xz}=11.95
　L_{yx}=246839.65　　L_{yy}=10197476.14　　L_{yz}=0.84
　L_{zx}=11.95　　L_{zy}=0.84　　L_{zz}=10031037.07
惯性张量(g·mm²):
由输出坐标系决定。
　I_{xx}=1421418.78　　I_{xy}=-1586421.66　　I_{xz}=13.28
　I_{yx}=-1586421.66　　I_{yy}=23358547.94　　I_{yz}=0.65
　I_{zx}=13.28　　I_{zy}=0.65　　I_{zz}=23447471.58

(b) 小腿膝关节外架

图 2.4　机器人关节外架

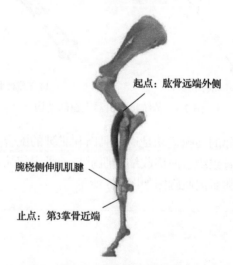

起点:肱骨远端外侧

腕桡侧伸肌肌腱

止点:第3掌骨近端

图 2.5　马腿肌肉肌腱图

　　根据实际马腿的肌肉肌腱结构,对现有的腿部结构进行优化设计,优化后仿生足式机器人腿部结构示意图如图 2.6 所示。将大腿和驱动小腿运动的"肌肉"进行一体化设计,活塞杆上连接推杆,作为"肌腱"与机器人的小腿进行连接,驱动小腿运动。

　　液压驱动单元的活塞杆上需要连接位移传感器,但当液压驱动单元工作时,活塞杆经常会发生转动,很容易将位移传感器的探杆折断,所以本节对液压缸的活塞杆进行了防转动设计,优化后液压缸活塞杆结构示意图如图 2.7 所示。在液压缸内安装导杆,在活塞杆内安装导套,导杆和导套之间不会发生相对转动,进而防止液压缸活塞杆的转动，提升了液压驱动单元的使用寿命。

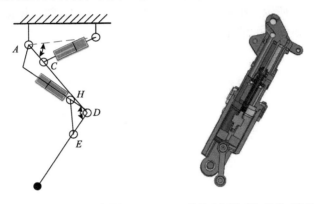

(a) 优化后足式机器人腿部结构　　　　(b) 优化后大腿缸腿一体化三维模型

图 2.6　优化后仿生足式机器人腿部结构示意图

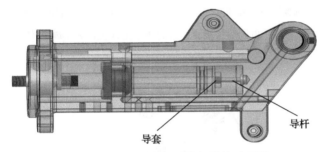

图 2.7　优化后液压缸活塞杆结构示意图

　　机器人在运动过程中，足端与地面接触会产生一定的冲击力，对机器人的运动控制和元器件的使用寿命都有一定的影响。哺乳动物运动时，其肌肉-肌腱驱动结构具有明显的柔顺特性，受此启发，仿生足式机器人腿部也应具备柔顺特性，从而有效缓解来自未知高刚度环境(地面、障碍物等)的碰撞冲击，保证机器人运动性能。目前，对腿部液压驱动单元进行主动柔顺控制的方法已经获得了广泛应用，但是其减震效果并不是很理想。因此，还需要在机器人小腿关节上添加被动柔顺关节。但是在不同地面条件下，所需要的被动弹簧的预紧力是不同的，为此设计了如图 2.8 所示可调节弹簧预紧力的仿生足式机器人小腿结构。

　　通过拧螺母可以调节弹簧的压缩量，进而调整预紧力。另外，小腿上布置有线孔，可以将六维力传感器的线布置在小腿内部，有利于延长传感器的使用寿命。

　　将管路集成在机器人的结构件内部，既可以实现机器人单腿的轻量化设计，又可以避免因机器人运动带来的管路弯曲对阀控缸控制精度的影响；同时，从仿生学的角度考虑，哺乳动物的血管都分布在动物的组织结构中，将旋转配油结构应用到机器人腿部结构设计中，实现了足式机器人的"血管"内置。机器人单腿三维模型如图 2.9 所示。机器人髋关节液压驱动单元和缸腿一体化的膝关节液压驱动单元都不需要外接的液压软管。

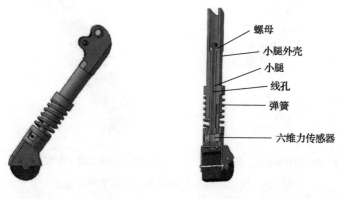

螺母

小腿外壳

小腿

线孔

弹簧

六维力传感器

(a) 机器人小腿三维模型　　　　　(b) 机器人小腿结构图

图 2.8　可调节弹簧预紧力的仿生足式机器人小腿结构

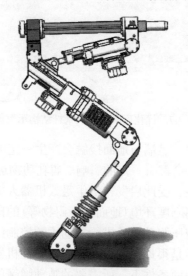

图 2.9　机器人单腿三维模型

管路内置化结构设计原理如下：横摆由液压马达驱动横摆轴，带动腿转向，横摆轴上有两个连接块，作为液压缸的铰点，横摆轴和连接块内布置有流道，油液经横摆轴进入连接块，进而进入液压缸。横摆轴和连接块内流道布置图如图 2.10 所示。

液压缸通过一根配油轴和连接块固定，配油轴和关节液压缸缸尾处结构如图 2.11 所示。

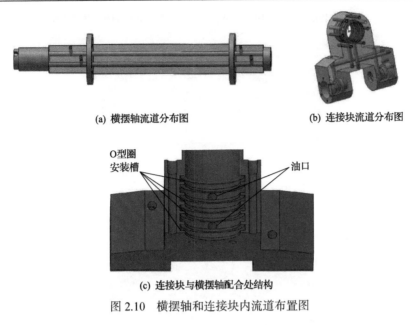

(a) 横摆轴流道分布图　　　　　　　　(b) 连接块流道分布图

(c) 连接块与横摆轴配合处结构

图 2.10　横摆轴和连接块内流道布置图

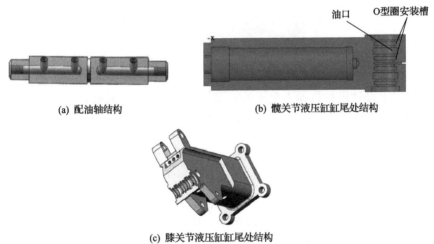

(a) 配油轴结构　　　　　　　　(b) 髋关节液压缸缸尾处结构

(c) 膝关节液压缸缸尾处结构

图 2.11　配油轴和关节液压缸缸尾处结构

　　足式机器人经常需要在恶劣的工况下工作，这给传感器等元件的耐用性带来了很大的挑战。将传感器和相应的线路布置在缸体内部，可以对元件起到很好的保护作用。因此，液压缸缸体内除了需要布置相应的流道外，还集成有位移传感器安装孔、位移传感器导杆安装孔以及相应电器元件的线孔。髋关节液压缸缸体结构如图 2.12 所示。

　　膝关节液压缸缸体结构如图 2.13 所示，其内部结构原理和髋关节液压缸相同。

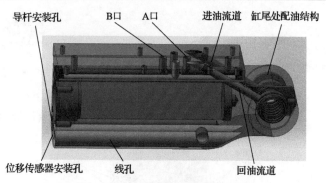

导杆安装孔　　B口　A口　　进油流道　缸尾处配油结构

位移传感器安装孔　　线孔　　回油流道

图 2.12　髋关节液压缸缸体结构

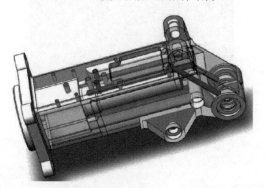

图 2.13　膝关节液压缸缸体结构

通过以上设计进行机器人单腿的管路内置,得到了一种旋转配油型腿部新结构,实现了足式机器人腿部驱动系统轻量化。

2.2.3　液压四足机器人油源结构

液压油源是足式机器人液压驱动系统的核心供能元件,将电能产生的机械能转化为油液的压力能,为驱动机器人各关节运动提供了动力源。足式机器人液压驱动系统的轻量化液压油源原理如图 2.14 所示,其采用闭式系统设计,结构紧凑,传动平稳性好。轻量化液压油源由高速电机、液压泵、过滤器、蓄能器、快换接头、压力传感器、测压接头、溢流阀、风冷却器、控制器、电机驱动器和单向阀等组成。

油液由高速电机泵组供至 P 口,经过滤器滤去污染物;依靠小容积高压蓄能器弥补系统的流量峰值或降低流量脉动,稳定液压驱动系统的压力变化,同时可降低电机的功率和体积;油液经快换接头进入负载,高压压力传感器检测液压油源出口压力,作为控制信号或检测信号输出,控制液压油源压力或发出压力过高、过低的警告;在液压油源负载正常状态下溢流阀不会打开,而当压力超过设定值时,油液经溢流阀进入低压蓄能器;负载低压油经 p_5 口到达液压油源回油路,设置低压压力传感器用于检测回油压力;设置安全活门用于液压油源的放油;设置

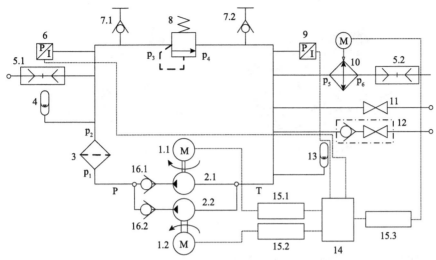

1-高速电机; 2-液压泵; 3-过滤器; 4-高压蓄能器; 5-快换接头; 6-高压压力传感器; 7-测压接头; 8-溢流阀;
9-低压压力传感器; 10-风冷却器; 11-安全活门; 12-单向活门; 13-低压蓄能器; 14-控制器; 15-电机驱动器; 16-单向阀

图 2.14　足式机器人液压驱动系统的轻量化液压油源原理

单向活门用于液压油源的注油。闭式系统结构较为紧凑，在缩小安装空间的同时减少了泄漏和管道振动，提高了系统可靠性；同时，闭式系统的压力大且压力损失小，换向的冲击小，用油量少。因此，液压油源采用闭式系统设计，可显著提高液压足式机器人的系统性能。闭式液压驱动系统在工作中不断有油液泄漏，因此加装大容积低压蓄能器充当油箱，以弥补油液泄漏和耗费，防止液压冲击和泵吸空。

通过集成阀块的异型设计，将不同部件排布在不同高度的台阶上，形成一种高度集成的轻量化液压油源，其构型如图 2.15 所示。构建连接元件插装孔、流道、工艺孔等构成液压回路，集成阀块构型及流道如图 2.16 所示。

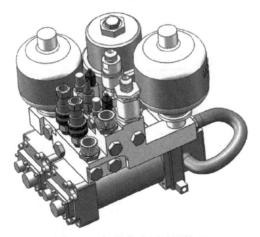

图 2.15　轻量化液压油源构型

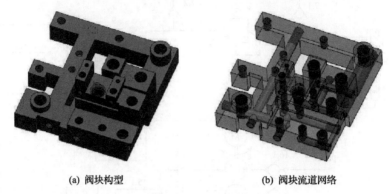

(a) 阀块构型   (b) 阀块流道网络

图 2.16　集成阀块构型及流道

2.2.4　四足机器人液压驱动系统轻量化原理

　　根据四足机器人液压驱动系统的功能及特点，得到四足机器人液压驱动系统示意图，如图 2.17 所示。液压油源通常由原动机(电机或燃油机)、液压泵、蓄能器、风冷却器、压力油箱、各类阀和传感器等组成。液压驱动单元一般为高集成性伺服阀控伺服缸，由伺服缸、伺服阀、位移传感器、力传感器等组成，执行机构也可为液压摆缸或液压马达。为了满足机器人在空间内 6 个自由度方向上的运动，机器人单腿一般具有至少 3 个主动自由度。因此，本书的四足机器人液压驱动系统为 1 个液压油源向 12 个液压驱动单元供给能量。

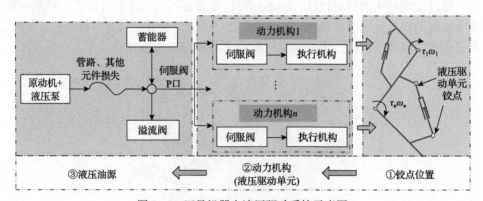

图 2.17　四足机器人液压驱动系统示意图

　　传统液压四足机器人各关节液压驱动单元与腿部结构均采用铰接形式连接，并通过外接软管向液压驱动单元供油。该结构容易导致机器人油管、线路等多而杂乱，不仅影响机器人腿部的集成度和可靠性，还会使各关节受到时变外负载，导致机器人腿部质量大，严重影响机器人的动态性能。

　　为了解决上述问题，提高机器人腿部集成度，实现腿部轻量化，本书提出关节采用旋转配油形式的机器人腿部新结构，并将由该型腿组成的液压四足机器人称为燕山大学孔祥东教授团队 YYBZ 型液压四足机器人（后面简称 YYBZ 型四足机器人）。YYBZ 型四足机器人腿部结构如图 2.18 所示，液压油通过各关节液压驱动单元尾端旋转轴流入/流出，摒弃了机器人各关节液压驱动单元外接软管，并将机器人大腿与膝关节液压驱动单元进行融合一体化设计，进一步提升了机器人腿部集成度。剖面结构示意图如图 2.18(a) 所示，液压油源的高低压油液配置至机器人横摆转轴，其内部开了高低压油路，髋纵摆关节的油液从转轴 A 流入/流出，膝关节的油液从转轴 B 流入/流出。

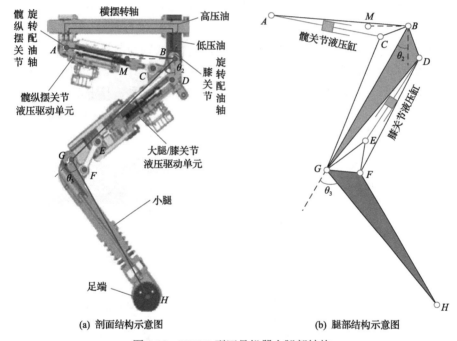

(a) 剖面结构示意图　　　　　　　　　　　(b) 腿部结构示意图

图 2.18　YYBZ 型四足机器人腿部结构

　　根据上述分析，后续还需要在考虑轻量化的基础上，匹配液压油源参数和机器人不同关节的液压驱动单元参数，并确定各关节液压驱动单元在机器人腿部的布置方式（选取液压驱动单元铰点）。为了提高本书研究成果的通用性，首先针对常见的串联铰接形式的四足机器人液压驱动系统，展开轻量化参数匹配方法研究；再利用上述通用性方法，并考虑 YYBZ 型四足机器人的结构特点，对其液压驱动系统进行轻量化参数匹配。

2.3　四足机器人关节旋转型负载轨迹

2.3.1　四足机器人运动学

四足机器人运动学方程是实现机器人步态调整和运动控制的基础。目前，应用最广泛的机器人运动学分析方法为 D-H（Denavit-Hartenberg）方法。如图 2.2 所示的四足机器人，每条腿有 3 个主动旋转关节。将四足机器人的腿看作由一系列关节连接起来的连杆构成，为机器人的每一连杆建立一个坐标系，并用 4×4 的齐次坐标变换矩阵描述上述坐标系之间的相对位置和姿态。以机器人的右前腿（腿2）为例，推导其运动方程，各符号下角标中代表腿定义的标号省略。在机器人腿关节坐标系的定义中，机器人关节 i 坐标系的坐标原点在关节 i 和关节 $i+1$ 轴线的公法线与关节 i 轴线的交点上，z_i 与关节 i 的轴线重合，x_i 与关节 i 和关节 $i+1$ 的公法线重合，方向由关节 i 指向关节 $i+1$，y_i 轴用右手法则确定。该四足机器人共有12 个主动自由度，单腿 3 个主动自由度（1 个横滚自由度，其他 2 个为俯仰自由度）。建立如图 2.19 所示四足机器人单腿 3 自由度的 D-H 坐标系，其中，$\{x_b, y_b, z_b\}$ 为

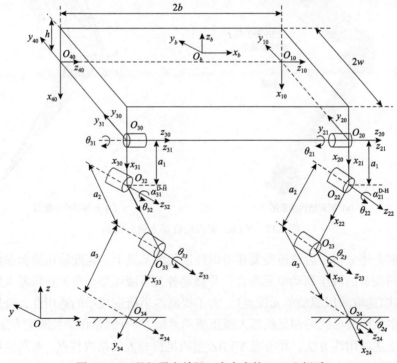

图 2.19　四足机器人单腿 3 自由度的 D-H 坐标系

机器人的机体坐标系，其原点在机体的几何中心，$\{x, y, z\}$ 为大地坐标系。

在图 2.19 中，各符号右下角中第一位数分别代表机器人 1、2、3、4 号腿，第二位数代表关节，这里以机器人右前腿为例（为方便叙述，忽略各符号右下角标中第一位数），$a_{i-1}(i=1,2,3,4)$ 表示从 z_{i-1} 到 z_i 沿 x_{i-1} 的距离，$\alpha_{i-1}^{\text{D-H}}(i=1,2,3,4)$ 表示从 z_{i-1} 到 z_i 沿 x_{i-1} 旋转的角度，$d_i(i=1,2,3,4)$ 表示从 x_{i-1} 到 x_i 沿 z_i 的距离，$\theta_i(i=1,2,3,4)$ 表示从 x_{i-1} 到 x_i 沿 z_i 旋转的角度，在此种构型下数值为 0 的符号未在图中标注。$2b$ 为机器人机身长度，$2w$ 为机器人机身宽度，h 为机器人机身高度。根据上述定义，可得四足机器人右前腿的 D-H 参数，如表 2.1 所示。

表 2.1　四足机器人右前腿的 D-H 参数

连杆 i	杆件长度 a_{i-1}	关节扭角 $\alpha_{i-1}^{\text{D-H}}$	关节距离 d_i	关节角度 θ_i
1	a_0	0	0	θ_1
2	a_1	90	0	θ_2
3	a_2	0	0	θ_3
4	a_3	0	0	θ_4

根据 D-H 坐标连杆关系，当 $i \geqslant 1$ 时，连杆 i 与连杆 $i-1$ 之间的位姿变换矩阵为

$$
{}^{i-1}_{i}\boldsymbol{T} =
\begin{bmatrix}
\cos\theta_i & -\sin\theta_i & 0 & a_{i-1} \\
\cos\alpha_{i-1}^{\text{D-H}}\sin\theta_i & \cos\alpha_{i-1}^{\text{D-H}}\cos\theta_i & -\sin\alpha_{i-1}^{\text{D-H}} & -d_i\sin\alpha_{i-1}^{\text{D-H}} \\
\sin\alpha_{i-1}^{\text{D-H}}\sin\theta_i & \sin\alpha_{i-1}^{\text{D-H}}\cos\theta_i & \cos\alpha_{i-1}^{\text{D-H}} & d_i\cos\alpha_{i-1}^{\text{D-H}} \\
0 & 0 & 0 & 1
\end{bmatrix}
\tag{2.1}
$$

根据图 2.19 中的坐标位姿定义关系，将表 2.1 中四足机器人右前腿的 D-H 参数代入式（2.1），可得相邻连杆之间的位姿变换矩阵为

$$
\begin{aligned}
{}^{0}_{1}\boldsymbol{T} &=
\begin{bmatrix}
\cos\theta_1 & -\sin\theta_1 & 0 & a_0 \\
\cos\alpha_0^{\text{D-H}}\sin\theta_1 & \cos\alpha_0^{\text{D-H}}\cos\theta_1 & -\sin\alpha_0^{\text{D-H}} & -d_1\sin\alpha_0^{\text{D-H}} \\
\sin\alpha_0^{\text{D-H}}\sin\theta_1 & \sin\alpha_0^{\text{D-H}}\cos\theta_1 & \cos\alpha_0^{\text{D-H}} & d_1\cos\alpha_0^{\text{D-H}} \\
0 & 0 & 0 & 1
\end{bmatrix} \\
&=
\begin{bmatrix}
\cos\theta_1 & -\sin\theta_1 & 0 & 0 \\
\sin\theta_1 & \cos\theta_1 & 0 & 0 \\
0 & 0 & 1 & 0 \\
0 & 0 & 0 & 1
\end{bmatrix}
\end{aligned}
\tag{2.2}
$$

$$
{}^{1}_{2}\boldsymbol{T} = \begin{bmatrix} \cos\theta_2 & -\sin\theta_2 & 0 & a_1 \\ \cos\alpha_1^{\text{D-H}}\sin\theta_2 & \cos\alpha_1^{\text{D-H}}\cos\theta_2 & -\sin\alpha_1^{\text{D-H}} & -d_2\sin\alpha_1^{\text{D-H}} \\ \sin\alpha_1^{\text{D-H}}\sin\theta_2 & \sin\alpha_1^{\text{D-H}}\cos\theta_2 & \cos\alpha_1^{\text{D-H}} & d_2\cos\alpha_1^{\text{D-H}} \\ 0 & 0 & 0 & 1 \end{bmatrix}
$$

$$
= \begin{bmatrix} \cos\theta_2 & -\sin\theta_2 & 0 & a_1 \\ 0 & 0 & -1 & 0 \\ \sin\theta_2 & \cos\theta_2 & 0 & 0 \\ 0 & 0 & 0 & 1 \end{bmatrix} \tag{2.3}
$$

$$
{}^{2}_{3}\boldsymbol{T} = \begin{bmatrix} \cos\theta_3 & -\sin\theta_3 & 0 & a_2 \\ \cos\alpha_2^{\text{D-H}}\sin\theta_3 & \cos\alpha_2^{\text{D-H}}\cos\theta_3 & -\sin\alpha_2^{\text{D-H}} & -d_3\sin\alpha_2^{\text{D-H}} \\ \sin\alpha_2^{\text{D-H}}\sin\theta_3 & \sin\alpha_2^{\text{D-H}}\cos\theta_3 & \cos\alpha_2^{\text{D-H}} & d_3\cos\alpha_2^{\text{D-H}} \\ 0 & 0 & 0 & 1 \end{bmatrix}
$$

$$
= \begin{bmatrix} \cos\theta_3 & -\sin\theta_3 & 0 & a_2 \\ \sin\theta_3 & \cos\theta_3 & 0 & 0 \\ 0 & 0 & 1 & 0 \\ 0 & 0 & 0 & 1 \end{bmatrix} \tag{2.4}
$$

$$
{}^{3}_{4}\boldsymbol{T} = \begin{bmatrix} \cos\theta_4 & -\sin\theta_4 & 0 & a_3 \\ \cos\alpha_3^{\text{D-H}}\sin\theta_4 & \cos\alpha_3^{\text{D-H}}\cos\theta_4 & -\sin\alpha_3^{\text{D-H}} & -d_4\sin\alpha_3^{\text{D-H}} \\ \sin\alpha_3^{\text{D-H}}\sin\theta_4 & \sin\alpha_3^{\text{D-H}}\cos\theta_4 & \cos\alpha_3^{\text{D-H}} & d_4\cos\alpha_3^{\text{D-H}} \\ 0 & 0 & 0 & 1 \end{bmatrix} = \begin{bmatrix} 1 & 0 & 0 & a_3 \\ 0 & 1 & 0 & 0 \\ 0 & 0 & 1 & 0 \\ 0 & 0 & 0 & 1 \end{bmatrix} \tag{2.5}
$$

通过相邻连杆位姿变换矩阵的连乘,得到机器人足端坐标系 {4} 至过渡坐标系 {0} 的位姿变换矩阵为

$$
{}^{0}_{4}\boldsymbol{T} = {}^{0}_{1}\boldsymbol{T}\,{}^{1}_{2}\boldsymbol{T}\,{}^{2}_{3}\boldsymbol{T}\,{}^{3}_{4}\boldsymbol{T} = \begin{bmatrix} c_1c_{23} & -c_1s_{23} & s_1 & a_1c_1 + a_2c_1c_2 + a_3c_1c_{23} \\ s_1c_{23} & -s_1s_{23} & -c_1 & a_1s_1 + a_2s_1c_2 + a_3s_1c_{23} \\ s_{23} & c_{23} & 0 & a_2s_2 + a_3s_{23} \\ 0 & 0 & 0 & 1 \end{bmatrix} \tag{2.6}
$$

式中,$s_1 = \sin\theta_1$;$s_2 = \sin\theta_2$;$c_1 = \cos\theta_1$;$c_2 = \cos\theta_2$;$s_{23} = \sin(\theta_2 + \theta_3)$;$c_{23} = \cos(\theta_2 + \theta_3)$。

由式 (2.6) 可知

$$
{}_4^0\boldsymbol{R} = \begin{bmatrix} {}_4^0 n_x & {}_4^0 o_x & {}_4^0 a_x \\ {}_4^0 n_y & {}_4^0 o_y & {}_4^0 a_y \\ {}_4^0 n_z & {}_4^0 o_z & {}_4^0 a_z \end{bmatrix} = \begin{bmatrix} c_1 c_{23} & -c_1 s_{23} & s_1 \\ s_1 c_{23} & -s_1 s_{23} & -c_1 \\ s_{23} & c_{23} & 0 \end{bmatrix} \tag{2.7}
$$

$$
{}_4^0\boldsymbol{P} = \begin{bmatrix} {}_4^0 p_x \\ {}_4^0 p_y \\ {}_4^0 p_z \end{bmatrix} = \begin{bmatrix} a_1 c_1 + a_2 c_1 c_2 + a_3 c_1 c_{23} \\ a_1 s_1 + a_2 s_1 c_2 + a_3 s_1 c_{23} \\ a_2 s_2 + a_3 s_{23} \end{bmatrix} \tag{2.8}
$$

式中，${}_4^0 n_i, {}_4^0 o_i, {}_4^0 a_i (i=x,y,z)$ 代表足端坐标系{4}中的三个单位主矢量相对于过渡坐标系{0}的方向余弦；${}_4^0 p_j (j=x,y,z)$ 代表足端坐标系{4}相对于过渡坐标系{0}沿着 j 轴方向的位移。

由式(2.8)可知，从机器人机身过渡坐标系{0}至足端坐标系{4}的足端位置变换关系为

$$
\begin{cases} {}_4^0 p_x = a_1 c_1 + a_2 c_1 c_2 + a_3 c_1 c_{23} \\ {}_4^0 p_y = a_1 s_1 + a_2 s_1 c_2 + a_3 s_1 c_{23} \\ {}_4^0 p_z = a_2 s_2 + a_3 s_{23} \end{cases} \tag{2.9}
$$

已知机器人足端相对于机身坐标位置，求解机器人各个关节角度的问题属于机器人运动学反解。根据 D-H 坐标，定义机器人足端坐标系{4}相对于机器人机身过渡坐标系{0}的位姿变换矩阵为

$$
{}_4^0\boldsymbol{T}^* = \begin{bmatrix} {}_4^0 n_x & {}_4^0 o_x & {}_4^0 a_x & {}_4^0 p_x \\ {}_4^0 n_y & {}_4^0 o_y & {}_4^0 a_y & {}_4^0 p_y \\ {}_4^0 n_z & {}_4^0 o_z & {}_4^0 a_z & {}_4^0 p_z \\ 0 & 0 & 0 & 1 \end{bmatrix} \tag{2.10}
$$

求矩阵 ${}_1^0\boldsymbol{T}$ 和 ${}_2^1\boldsymbol{T}$ 的逆矩阵 ${}_1^0\boldsymbol{T}^{-1}$ 和 ${}_2^1\boldsymbol{T}^{-1}$ 分别为

$$
{}_1^0\boldsymbol{T}^{-1} = \begin{bmatrix} c_1 & s_1 & 0 & 0 \\ -s_1 & c_1 & 0 & 0 \\ 0 & 0 & 1 & 0 \\ 0 & 0 & 0 & 1 \end{bmatrix} \tag{2.11}
$$

$$
{}_2^1\boldsymbol{T}^{-1} = \begin{bmatrix} c_2 & 0 & s_2 & -a_1c_2 \\ -s_2 & 0 & c_2 & a_1s_2 \\ 0 & -1 & 0 & 0 \\ 0 & 0 & 0 & 1 \end{bmatrix} \tag{2.12}
$$

将矩阵 ${}_1^0\boldsymbol{T}^{-1}$ 和 ${}_2^1\boldsymbol{T}^{-1}$ 左乘矩阵 ${}_4^0\boldsymbol{T}$，可得

$$
{}_2^1\boldsymbol{T}^{-1}\,{}_1^0\boldsymbol{T}^{-1}\,{}_4^0\boldsymbol{T}^* = {}_3^2\boldsymbol{T}\,{}_4^3\boldsymbol{T} \tag{2.13}
$$

即

$$
\begin{bmatrix} c_2 & 0 & s_2 & -a_1c_2 \\ -s_2 & 0 & c_2 & a_1s_2 \\ 0 & -1 & 0 & 0 \\ 0 & 0 & 0 & 1 \end{bmatrix}\begin{bmatrix} c_1 & s_1 & 0 & 0 \\ -s_1 & c_1 & 0 & 0 \\ 0 & 0 & 1 & 0 \\ 0 & 0 & 0 & 1 \end{bmatrix}\begin{bmatrix} {}_4^0n_x & {}_4^0o_x & {}_4^0a_x & {}_4^0p_x \\ {}_4^0n_y & {}_4^0o_y & {}_4^0a_y & {}_4^0p_y \\ {}_4^0n_z & {}_4^0o_z & {}_4^0a_z & {}_4^0p_z \\ 0 & 0 & 0 & 1 \end{bmatrix}
$$

$$
= \begin{bmatrix} c_3 & -s_3 & 0 & a_2 \\ s_3 & c_3 & 0 & 0 \\ 0 & 0 & 1 & 0 \\ 0 & 0 & 0 & 1 \end{bmatrix}\begin{bmatrix} 1 & 0 & 0 & a_3 \\ 0 & 1 & 0 & 0 \\ 0 & 0 & 1 & 0 \\ 0 & 0 & 0 & 1 \end{bmatrix} \tag{2.14}
$$

令式(2.14)等号两端矩阵第 4 列对应数据相等，则有

$$
{}_4^0p_z s_2 + \left({}_4^0p_x c_1 + {}_4^0p_y s_1 - a_1\right)c_2 = a_2 + a_3 c_3 \tag{2.15}
$$

$$
{}_4^0p_z c_2 - \left({}_4^0p_x c_1 + {}_4^0p_y s_1 - a_1\right)s_2 = a_3 s_3 \tag{2.16}
$$

$$
{}_4^0p_x s_1 - {}_4^0p_y c_1 = 0 \tag{2.17}
$$

根据式(2.17)可求解 θ_1 为

$$
\theta_1 = \arctan\left(\frac{{}_4^0p_y}{{}_4^0p_x}\right) \tag{2.18}
$$

令

$$
{}_4^0p_z = M \tag{2.19}
$$

$$
{}_4^0p_x c_1 + {}_4^0p_y s_1 - a_1 = N \tag{2.20}
$$

则式(2.15)和式(2.16)可表示为

$$Ms_2 + Nc_2 = a_2 + a_3c_3 \tag{2.21}$$

$$Mc_2 - Ns_2 = a_3s_3 \tag{2.22}$$

对式 (2.21) 和式 (2.22) 等号两端同时进行平方并将两式相加，化简后可得

$$M^2 + N^2 = a_2^2 + a_3^2 + 2a_2a_3c_3 \tag{2.23}$$

根据式 (2.23) 可解得 θ_3 为

$$\theta_3 = \arccos\left(\frac{M^2 + N^2 - a_2^2 - a_3^2}{2a_2a_3}\right) \tag{2.24}$$

令

$$\psi = \arctan\left(\frac{{}^0_4 p_z}{{}^0_4 p_x c_1 + {}^0_4 p_y s_1 - a_1}\right) = \arctan\left(\frac{M}{N}\right) \tag{2.25}$$

即

$$\sin\psi = \frac{M}{\sqrt{M^2 + N^2}} \tag{2.26}$$

$$\cos\psi = \frac{N}{\sqrt{M^2 + N^2}} \tag{2.27}$$

根据式 (2.25)～式 (2.27)，式 (2.22) 可变换为

$$c_2 \sin\psi - s_2 \cos\psi = \frac{a_3s_3}{\sqrt{M^2 + N^2}} \tag{2.28}$$

即

$$\sin(\psi - \theta_2) = \frac{a_3s_3}{\sqrt{M^2 + N^2}} \tag{2.29}$$

根据式 (2.29) 可求解 θ_2 为

$$\theta_2 = \arcsin\left(\frac{-a_3s_3}{\sqrt{M^2 + N^2}}\right) + \psi \tag{2.30}$$

根据式 (2.18)、式 (2.24) 和式 (2.30)，可得到机器人单腿足端坐标系 {4} 至机

器人机身过渡坐标系 {0} 的运动学反解表达式为

$$
\begin{cases}
\theta_1 = \arctan\left(\dfrac{{}_4^0 p_y}{{}_4^0 p_x} \right) \\[4mm]
\theta_2 = \arcsin\left[\dfrac{-a_3 s_3}{\sqrt{{}_4^0 p_z^2 + \left({}_4^0 p_x c_1 + {}_4^0 p_y s_1 - a_1 \right)^2}} \right] + \arctan\left(\dfrac{{}_4^0 p_z}{{}_4^0 p_x c_1 + {}_4^0 p_y s_1 - a_1} \right) \\[6mm]
\theta_3 = \arccos\left[\dfrac{{}_4^0 p_z^2 + \left({}_4^0 p_x c_1 + {}_4^0 p_y s_1 - a_1 \right)^2 - a_2^2 - a_3^2}{2 a_2 a_3} \right]
\end{cases}
$$

$$(2.31)$$

由于反余弦函数值域的非负性，按照本书中 D-H 坐标的定义方式，当四足机器人单腿为前腿(肘式配置)时，θ_3 角度为正值；当四足机器人单腿为后腿(膝式配置)时，θ_3 角度为负值。

2.3.2 关节角度与液压驱动单元伸出长度的映射关系

液压足式机器人腿部关节运动由液压驱动单元驱动,因此在进行机器人运动控制的过程中，需要将各关节角度最终转化为相应关节液压驱动单元的长度(行程)。

在图 2.18(b) 中，$|AC|$、$|DE|$ 分别代表驱动机器人髋关节和膝关节运动的液压驱动单元长度，需根据机器人腿部关节角度 θ_2 和 θ_3 来求解 $|AC|$ 与 $|DE|$ 的长度。

步骤 1：计算 $|AC|$ 的长度。

如图 2.18(b) 所示，存在角度关系为

$$\angle ABC = 90° + \theta_2 - \angle CBG + \angle ABM \tag{2.32}$$

在 $\triangle ABC$ 中，由余弦定理可以计算 $|AC|$ 为

$$|AC| = \sqrt{|AB|^2 + |BC|^2 - 2|AB||BC|\cos\angle ABC} \tag{2.33}$$

步骤 2：计算 $|DE|$ 的长度。

在图 2.18(b) 中，存在角度关系为

$$\angle FGD = 180° - \theta_3 - \angle FGH - \angle BGD \tag{2.34}$$

在 $\triangle DGF$ 中，由余弦定理可以计算 $|DF|$ 为

$$|DF| = \sqrt{|DG|^2 + |GF|^2 - 2|DG||GF|\cos\angle FGD} \tag{2.35}$$

在 $\triangle DGF$ 中，存在长度关系为

$$|DF|\cos\angle FDG + |FG|\cos\angle FGD = |DG| \tag{2.36}$$

根据式(2.34)~式(2.36)，计算 $\angle FDG$ 为

$$\angle FDG = \arccos\left(\frac{|DG| - |FG|\cos\angle FGD}{|DF|}\right) \tag{2.37}$$

由机器人腿部结构可知，$\angle GDE$ 为定值，所以 $\angle FDE$ 为

$$\angle FDE = \angle FDG - \angle GDE \tag{2.38}$$

根据式(2.37)和式(2.38)，计算 $\angle FDE$ 为

$$\angle FDE = \arccos\left(\frac{|DG| - |FG|\cos\angle FGD}{|DF|}\right) - \angle GDE \tag{2.39}$$

在 $\triangle DEF$ 中，由余弦定理可以计算 $|EF|$ 为

$$|EF|^2 = |DE|^2 + |DF|^2 - 2|DE||DF|\cos\angle FDE \tag{2.40}$$

对式(2.40)进行变形，则有

$$|DE|^2 - 2|DF|\cos\angle FDE |DE| + |DF|^2 - |EF|^2 = 0 \tag{2.41}$$

在式(2.41)中，除 $|DE|$ 外，其他参数已知或已求出，则式(2.41)可视为以 $|DE|$ 为未知量的一元二次方程，即 $a|DE|^2 + b|DE| + c = 0$，且该方程的系数为

$$\begin{cases} a = 1 \\ b = -2|DF|\cos\angle FDE \\ c = |DF|^2 - |EF|^2 \end{cases} \tag{2.42}$$

根据一元二次方程的求根公式，计算 $|DE|$ 为

$$|DE| = \frac{2|DF|\cos\angle FDE \pm \sqrt{(2|DF|\cos\angle FDE)^2 - 4(|DF|^2 - |EF|^2)}}{2} \tag{2.43}$$

由于机器人腿部几何关系的限制,在 $\triangle DEF$ 中,$\angle EFD$ 始终为锐角,所以应取 $|DE|$ 的较小解,则有

$$|DE| = \frac{2|DF|\cos\angle FDE - \sqrt{\left(2|DF|\cos\angle FDE\right)^2 - 4\left(|DF|^2 - |EF|^2\right)}}{2} \qquad (2.44)$$

综上所述,机器人腿部髋关节和膝关节液压驱动单元的长度为

$$\begin{cases} |AC| = \sqrt{|AB|^2 + |BC|^2 - 2|AB||BC|\cos\angle ABC} \\ |DE| = \dfrac{2|DF|\cos\angle FDE - \sqrt{\left(2|DF|\cos\angle FDE\right)^2 - 4\left(|DF|^2 - |EF|^2\right)}}{2} \end{cases} \qquad (2.45)$$

其中,

$$\begin{cases} |DF| = \sqrt{|DG|^2 + |GF|^2 - 2|DG||GF|\cos\angle FGD} \\ \angle FDE = \arccos\left(\dfrac{|DG| - |FG|\cos\angle FGD}{|DF|}\right) - \angle GDE \end{cases} \qquad (2.46)$$

2.3.3 四足机器人足端轨迹规划

在四足机器人运动过程中,行走(Walk)步态和对角小跑(Trot)步态是最典型的两种步态。其中,Walk 步态是一种静态步态,四足机器人在运动过程中始终有三条腿处于着地相,至多有一条腿处于摆动相,适用于低速行走。Trot 步态是一种动态步态,四足机器人在运动过程中对角线上两条腿的动作状态相同,适用于中低速跑动,具有比较大的运动速度范围。

本书以四足机器人的 Walk 步态和 Trot 步态为例,采用五次多项式,设计一种能同时满足上述两种步态的足端轨迹。

在着地相时,机器人的足端轨迹为

$$\begin{cases} z_l(t) = c_{zl5}t^5 + c_{zl4}t^4 + c_{zl3}t^3 + c_{zl2}t^2 + c_{zl1}t + c_{zl0} \\ x_l(t) = 0 \end{cases}, \quad 0 \leqslant t \leqslant \frac{T}{2} \qquad (2.47)$$

式中,c_{zlj} 为着地相机器人足端 z 方向轨迹的 5 次多项式系数,$j = 0,1,\cdots,5$;t 为时间;T 为机器人单腿向前迈一步的周期。

根据机器人 Walk 步态和 Trot 步态的特点,式(2.47)的边界条件为

$$\begin{cases} z_l(0) = \dfrac{S}{2} \\[2mm] z_l\left(\dfrac{T}{2}\right) = -\dfrac{S}{2} \\[2mm] \dot{z}_l(0) = \dot{z}_l\left(\dfrac{T}{2}\right) = -v_t \\[2mm] \ddot{z}_l(0) = \ddot{z}_l\left(\dfrac{T}{2}\right) = 0 \end{cases} \tag{2.48}$$

其中，

$$v_t = \begin{cases} 0, & \text{Walk步态} \\[2mm] \dfrac{2S}{T}, & \text{Trot步态} \end{cases} \tag{2.49}$$

式中，S 为机器人步长；v_t 为机器人足端着地、离地时刻的速度。

根据式(2.47)和式(2.48)，计算得到着地相时机器人的足端轨迹为

$$\begin{cases} z_l(t) = \begin{bmatrix} -\dfrac{96\left(2S - Tv_t\right)}{T^5}t^5 + \dfrac{120\left(2S - Tv_t\right)}{T^4}t^4 \\[3mm] -\dfrac{40\left(2S - Tv_t\right)}{T^3}t^3 - v_t t + \dfrac{S}{2} \end{bmatrix}, & 0 \leqslant t \leqslant \dfrac{T}{2} \\[6mm] x_l(t) = 0 \end{cases} \tag{2.50}$$

在摆动相时，机器人足端轨迹为

$$\begin{cases} z_s(t) = c_{zs5}t^5 + c_{zs4}t^4 + c_{zs3}t^3 + c_{zs2}t^2 + c_{zs1}t + c_{zs0}, & \dfrac{T}{2} \leqslant t \leqslant T \\[3mm] x_s(t) = \begin{cases} c_{xs15}t^5 + c_{xs14}t^4 + c_{xs13}t^3 + c_{xs12}t^2 + c_{xs11}t + c_{xs10}, & \dfrac{T}{2} \leqslant t \leqslant \dfrac{3T}{4} \\[3mm] c_{xs25}t^5 + c_{xs24}t^4 + c_{xs23}t^3 + c_{xs22}t^2 + c_{xs21}t + c_{xs20}, & \dfrac{3T}{4} < t \leqslant T \end{cases} \end{cases} \tag{2.51}$$

式中，c_{zsj} 为摆动相机器人足端 z 方向轨迹的 5 次多项式系数；c_{xs1j} 为摆动相机器人足端 x 方向抬腿轨迹的 5 次多项式系数；c_{xs2j} 为摆动相机器人足端 x 方向落腿轨迹的 5 次多项式系数；$j = 0,1,\cdots,5$。

根据机器人 Walk 步态和 Trot 步态的特点，式(2.51)的边界条件为

$$\begin{cases} z_s\left(\dfrac{T}{2}\right) = -\dfrac{S}{2} \\ z_s(T) = \dfrac{S}{2} \\ \dot{z}_s\left(\dfrac{T}{2}\right) = \dot{z}_s(T) = -v_t \\ \ddot{z}_s\left(\dfrac{T}{2}\right) = \ddot{z}_s(T) = 0 \end{cases}, \quad \begin{cases} x_s\left(\dfrac{T}{2}\right) = 0 \\ x_s\left(\dfrac{3T}{4}\right) = H \\ \dot{x}_s\left(\dfrac{T}{2}\right) = \dot{x}_s\left(\dfrac{3T}{4}\right) = 0 \\ \ddot{x}_s\left(\dfrac{T}{2}\right) = \ddot{x}_s\left(\dfrac{3T}{4}\right) = 0 \end{cases}, \quad \begin{cases} x_s\left(\dfrac{3T}{4}\right) = H \\ x_s(T) = 0 \\ \dot{x}_s\left(\dfrac{3T}{4}\right) = \dot{x}_s(T) = 0 \\ \ddot{x}_s\left(\dfrac{3T}{4}\right) = \ddot{x}_s(T) = 0 \end{cases} \quad (2.52)$$

式中，H 为机器人步高。

根据式(2.51)和式(2.52)，计算得到摆动相时机器人的足端轨迹为

$$\begin{cases} z_s(t) = \left[\dfrac{96(2S+Tv_t)t^5}{T^5} - \dfrac{360(2S+Tv_t)t^4}{T^4} + \dfrac{520(2S+Tv_t)t^3}{T^3} \right. \\ \qquad\qquad \left. - \dfrac{360(2S+Tv_t)t^2}{T^2} + \dfrac{240S+119Tv_t t}{T} - \left(\dfrac{63S}{2}+15Tv_t\right) \right], \quad \dfrac{T}{2} \leqslant t \leqslant T \\[4pt] x_s(t) = \begin{cases} \dfrac{6144H}{T^5}t^5 - \dfrac{19200H}{T^4}t^4 + \dfrac{23680H}{T^3}t^3 \\ \qquad - \dfrac{14400H}{T^2}t^2 + \dfrac{4320H}{T}t - 512H, \qquad \dfrac{T}{2} \leqslant t \leqslant \dfrac{3T}{4} \\[4pt] -\dfrac{6144H}{T^5}t^5 + \dfrac{26880H}{T^4}t^4 - \dfrac{46720H}{T^3}t^3 \\ \qquad + \dfrac{40320H}{T^2}t^2 - \dfrac{17280H}{T}t + 2944H, \quad \dfrac{3T}{4} < t \leqslant T \end{cases} \end{cases} \quad (2.53)$$

式(2.50)和式(2.53)组成了机器人足端的一个步行周期轨迹，假设机器人单腿向前迈一步的周期 $T=0.5\text{s}$，步长 $S=0.4\text{m}$，步高 $H=0.15\text{m}$，则可计算 Walk 步态和 Trot 步态下的足端轨迹，分别如图 2.20 和图 2.21 所示。

在机器人实际运动过程中，需要根据机器人的结构参数，将图 2.20 和图 2.21 中的坐标原点平移至机器人足端坐标，以形成机器人的运动足端轨迹。根据图 2.20 和图 2.21 可以看出，机器人两种步态下的足端轨迹均类似于"馒头"，但两种步态的足端轨迹在足端与地面接触和离开瞬间存在差异。该现象的解释为：当 Walk 步态的机器人迈腿时，机器人的机身速度为零，为了避免足端与地面存在相对速度而发生剧烈碰撞，机器人足端与地面接触和离开瞬间，足端相对于机身的速度为零；当 Trot 步态的机器人迈腿时，机器人的机身速度等于着地相腿的速度 v_t，

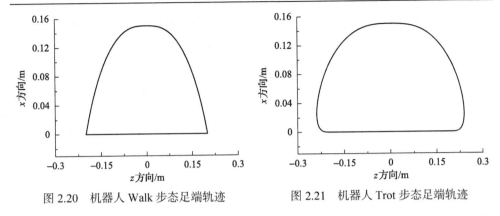

图 2.20 机器人 Walk 步态足端轨迹   图 2.21 机器人 Trot 步态足端轨迹

为了避免足端与地面存在相对速度而发生剧烈碰撞,机器人足端与地面接触和离开瞬间,足端相对于机身的速度为 $-v_t$。

上述针对机器人 Walk 步态和 Trot 步态,规划了其腿部 z 方向和 x 方向的足端轨迹,根据两种步态需求,也可规划出机器人腿部 y 方向的足端轨迹。同理,采用上述方法,亦可规划诸如快步(Pace)步态和跳跃(Jump)步态的足端轨迹,由于篇幅限制,本书不作赘述。

2.3.4 四足机器人不同步态动力学仿真

四足机器人的腿部拓扑结构可分为四种,包括全肘式、全膝式、前膝后肘式和前肘后膝式,其示意图如图 2.22 所示(向右为前进方向)。相比于其他 3 种布置方式,前肘后膝式具有结构紧凑、稳定性高的优势,也是目前液压四足机器人普遍采用的结构形式,如 BigDog 和 HyQ。

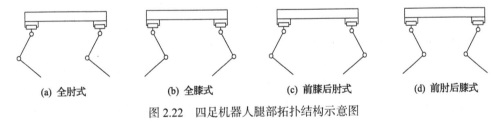

(a) 全肘式   (b) 全膝式   (c) 前膝后肘式   (d) 前肘后膝式

图 2.22 四足机器人腿部拓扑结构示意图

通过对四足机器人腿部拓扑结构的特点进行分析,确定本书的四足机器人腿部构型采用纵摆双关节的前肘后膝式,并根据四足机器人机体尺寸的基本需求,确定 YYBZ 型四足机器人基本参数,如表 2.2 所示。

在液压四足机器人设计初期,由于机器人的具体结构还未确定,所以需要搭建简化的四足机器人动力学仿真模型,并根据表 2.2 设置机器人基本参数,不同环境下四足机器人动力学仿真模型如图 2.23 所示。通过不同环境和不同步态的四足机器人动力学仿真，获得机器人腿部各关节的负载特性，即液压驱动系统的负载特性。

表 2.2   YYBZ 型四足机器人基本参数

参数	参数表示	数值大小	单位
机身：长×宽×高	$2b \times 2w \times h$	1220×447×210	mm×mm×mm
侧摆转轴至髋转轴长度	a_1	75	mm
大腿长度	a_2	361	mm
小腿长度	a_3	377	mm
整机质量	M_0	120	kg
单腿质量	M_s	14	kg
负重	M_L	60	kg

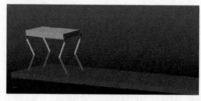 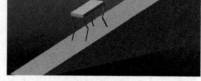

(a) 平地运动   (b) 斜坡运动

图 2.23   不同环境下四足机器人动力学仿真模型

基于四足机器人运动学和足端轨迹规划，采用关节角度驱动，对四足机器人在平地的 Walk 步态、Trot 步态、跳跃运动、蹲起运动、踏步运动进行仿真，对四足机器人在斜坡上的 Walk 步态和 Trot 步态进行仿真，以获得四足机器人关节旋转型负载轨迹，为后续的负载匹配和铰点位置优化提供数据基础。

由于四足机器人采用前肘后膝式的对称布置方案，其 2 条前腿的负载特性基本相同，2 条后腿的负载特性也基本相同。因此，可通过对角线上 2 条腿的负载特性代表机器人 4 条腿的负载特性。又因为动力学仿真的极限工况（正向速度 6km/h、侧向速度 1.2km/h 的 Trot 步态和 Jump 步态）关节负载轨迹能包络其他步态关节负载轨迹，所以选取极限工况下，机器人左前腿和右后腿各关节的负载特性，并去除机器人在着地瞬间的冲击点，获得四足机器人极限工况下的腿部关节旋转型负载轨迹，如图 2.24 所示。

由于四足机器人各腿结构相同，所以本书选取前腿描述各关节角度范围。根据上述环境和步态下四足机器人动力学仿真的各关节角度范围，获得四足机器人腿部各关节 D-H 角度范围，如表 2.3 所示。由于髋侧摆关节采用伺服阀控制摆缸结构，其角度范围远大于仿真获得的角度范围。因此，髋侧摆关节的运动范围由液压摆缸决定。

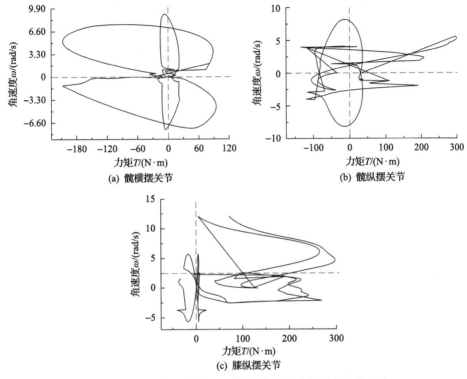

图 2.24　四足机器人极限工况下的腿部关节旋转型负载轨迹

表 2.3　四足机器人腿部各关节 D-H 角度范围

机器人关节	髋侧摆关节 θ_1/(°)	髋纵摆关节 θ_2/(°)	膝纵摆关节 θ_3/(°)
运动角度范围	根据液压摆缸选型确定	67～34	34～138

2.4　四足机器人液压驱动系统轻量化参数匹配

为实现四足机器人液压驱动系统轻量化，应在满足机器人驱动需求的基础上精确匹配液压驱动系统各部分参数，以优化机器人液压驱动系统质量分布，并保证系统整体质量相对较轻。本节主要从动力机构(液压驱动单元)与负载的匹配以及四足机器人腿部关节铰点位置优化两个方面进行介绍。

2.4.1　动力机构与负载匹配

图 2.25 为传统动力机构与负载的匹配，主要通过使负载的最大功率点和动力

机构的最大输出功率点重合,并将 2/3 的系统压力用于产生驱动力,1/3 的系统压力用于控制阀的节流损失而产生流量,从而实现驱动负载。若液压油源为恒流源,且油源的流量为伺服阀的最大空载流量,则液压驱动系统各部分功率分布示意图如图 2.26 所示。在该负载轨迹下,图中所示的溢流损失和节流损失最小;对于负载轨迹上的某个负载点,其上面部分为溢流损失,右面部分为节流损失。

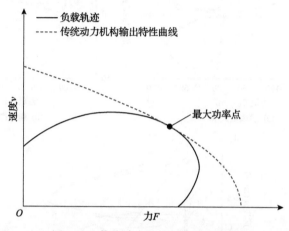

图 2.25　传统动力机构与负载的匹配

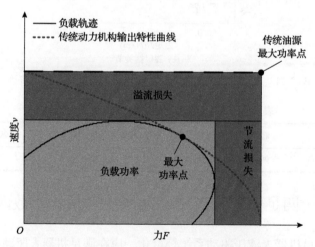

图 2.26　液压驱动系统各部分功率分布示意图

对相同的负载而言,若能提高液压驱动系统的效率,则可降低其功率,使系统的质量减轻。动力机构与负载的轻量化匹配及其功率分布示意图如图 2.27 所示。从图中可以看出,在负载的非最大功率点进行负载匹配,计算的动力机构输出特性曲线同样可完全包络负载轨迹,即满足驱动负载的需求。与传统动力机构相比,轻量化动力机构的节流损失更小;采用液压泵+蓄能器组合供油的液压油源,由于蓄能器的使用，其最大流量可小于最大负载速度对应的负载流量，从而减小油源的溢流损失，降低油源的最大功率点，其中，油源最大功率需结合油源流量曲线，在匹配油源额定流量和蓄能器补油流量后，根据油源额定流量确定。

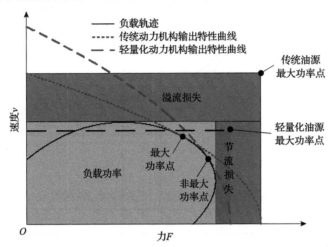

图 2.27　动力机构与负载的轻量化匹配及其功率分布示意图

在轻量化匹配的同时还需考虑动力机构的驱动性能，因此本书主要内容之一是，考虑轻量化和驱动性能的负载匹配，并针对机器人运动过程中的四象限负载，提出动力机构与四象限负载的轻量化匹配方法，该部分内容将在第 3 章和第 4 章进行具体介绍。

2.4.2　腿部关节铰点位置优化

对于质量和结构参数确定的四足机器人，其各种步态的关节旋转型负载特性同样确定。然而，机器人腿部关节液压驱动单元布置的铰点位置会影响关节直线型负载轨迹（即关节动力机构出力与速度形成的负载轨迹），也会影响液压油源的负载特性。铰点位置对机器人关节直线型负载轨迹的影响示意图如图 2.28 所示。当改变铰点位置使机器人关节驱动力臂减小时，机器人关节直线型负载轨迹的负载力会增大，负载速度会减小，其对应图 2.28 中的负载轨迹由 1 逐渐变为 4，且各条负载轨迹的最大功率均相同。

在图 2.28 中，不同的负载轨迹代表不同的关节铰点位置，以负载轨迹 1 和负载轨迹 4 为例，通过相同的负载匹配方法，可获得液压驱动单元和液压油源的参数。表 2.4 为负载轨迹 1 和负载轨迹 4 的液压驱动系统参数及对比。

液压缸活塞面积和行程会影响液压驱动单元的质量，液压油源的流量同样会影响其质量。如表 2.4 所示，负载轨迹 1 和负载轨迹 4 对应的液压驱动单元和液

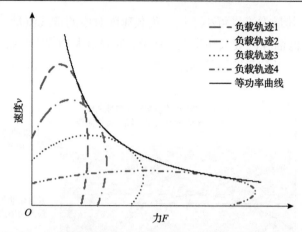

图 2.28　铰点位置对机器人关节直线型负载轨迹的影响示意图

表 2.4　负载轨迹 1 和负载轨迹 4 的液压驱动系统参数及对比

参数	负载轨迹 1	负载轨迹 4	对比
液压缸最大出力	F_{1max}	F_{4max}	$F_{1max} < F_{4max}$
液压缸最大速度	v_{1max}	v_{4max}	$v_{1max} > v_{4max}$
液压缸活塞面积	A_1	A_4	$A_1 < A_4$
液压缸行程	L_1	L_4	$L_1 > L_4$
伺服阀通油面积	Av_1	Av_4	$Av_1 = Av_4$
液压油源流量	Q_1	Q_4	Q_1、Q_4 大小不确定

压油源质量不同,也就是说,不同的铰点位置会影响机器人液压驱动单元质量和液压油源质量。由此表明,可通过改变机器人关节的铰点位置,调整关节的直线型负载轨迹,再通过负载匹配调整液压驱动单元参数和液压油源参数,使得各关节液压驱动单元和整机液压油源呈现不同的质量及分布。

　　通过上述分析,本书主要内容之二是,提出一种四足机器人腿部关节铰点位置优化算法。通过调整机器人关节的铰点位置,协调各关节输出力与输出速度,使机器人液压驱动系统质量相对较小,且呈现远离机身的质量小。该部分内容将在第 5 章展开具体介绍。

　　综上所述,四足机器人液压驱动系统轻量化参数匹配主要包含轻量化负载匹配和铰点位置优化两部分,使得负载轨迹和动力机构输出特性均可调整,机器人液压驱动系统的设计灵活性更大。但如何将上述两部分进行有效融合,形成四足机器人液压驱动系统轻量化参数匹配方法,且能通过程序实现自动匹配和优化计算,并在四足机器人液压驱动系统设计中获得实际应用,是本书主要内容之三,该部分内容将在第 6 章展开具体讨论。

2.5　本　章　小　结

本章分析了四足机器人液压驱动系统原理，针对四足机器人液压驱动系统的高集成及轻量化需求，提出了一种旋转配油形式的机器人腿部新结构；利用五次多项式，规划了机器人不同步态的足端轨迹方程，并通过对机器人在不同环境和不同步态的动力学仿真，获得了机器人腿部各关节角度运动范围和旋转型四象限负载轨迹，其是后面章节参数匹配的数据基础；通过分析四足机器人液压驱动系统的组成及特点，明确了动力机构与负载的匹配、四足机器人腿部关节铰点位置优化，以及如何将两者有效融合形成四足机器人液压驱动系统轻量化参数匹配方法，是本书需要解决的关键问题，并将在本书后续章节进行具体介绍。

第3章 四足机器人动力机构位置控制系统建模与校正

3.1 引　言

　　动力机构(也称为液压驱动单元)是四足机器人关节运动的驱动器,其驱动力和运动速度需满足机器人关节运动所需的力和速度,否则机器人各关节将无法按既定规划完成相应的运动,导致机器人无法稳定行走。其中,动力机构的位置控制是机器人控制的基本方法之一。因此,需要深入了解位置控制系统的组成结构和特性,充分考虑所设计系统的性能,对动力机构位置控制系统进行校正,明确动力机构位置控制系统的性能指标,才能够充分利用动力机构性能。图3.1为本章主要内容关系图。

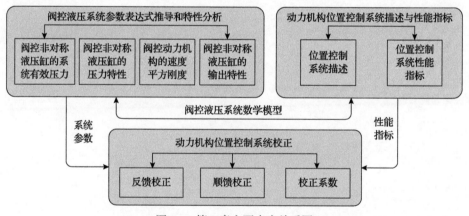

图 3.1　第 3 章主要内容关系图

　　本章针对存在回油背压的非对称型动力机构液压驱动系统,建立阀控液压系统数学模型,推导阀的流量方程、液压缸的流量连续性方程以及力平衡方程三大基本方程,提出系统有效压力概念。针对典型的动力机构位置控制系统,分析其开环与闭环特性,采用反馈校正和顺馈校正相结合的方式校正位置控制系统,并计算校正系数,进一步计算适应实际系统的校正系数,以进一步提高系统性能。

3.2　阀控液压系统数学模型

　　本节所针对的阀控液压系统动力机构为阀控非对称液压缸。非对称液压缸也称为单杆活塞式液压缸, 与对称液压缸相比有很多优点, 如工作空间小、构造简单等。阀控非对称液压缸原理图如图 3.2 所示。图中, p_s 表示系统供油压力, p_0 表示系统回油压力, p_1 表示动力机构液压缸无杆腔压力, p_2 表示动力机构液压缸有杆腔压力, p_L 表示负载压力, Δp_1 表示伺服阀与液压缸无杆腔相通边的压降, Δp_2 表示伺服阀与液压缸有杆腔相通边的压降, A_1 表示动力机构液压缸无杆腔面积, A_2 表示动力机构液压缸有杆腔面积, x_{sv} 表示伺服阀阀芯位移, x_p 表示伺服缸活塞位移, v 表示液压缸速度, F_L 表示负载力, m_t 表示折算到伺服缸活塞上的总质量, K 表示负载刚度, B_p 表示负载及阀控非对称液压缸的黏性阻尼系数, C_{ep} 表示伺服缸外泄漏系数, C_{ip} 表示伺服缸内泄漏系数, q_1 表示液压缸无杆腔流量, q_2 表示液压缸有杆腔流量。

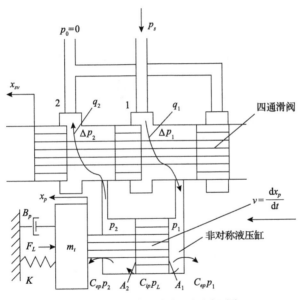

图 3.2　阀控非对称液压缸原理图

3.2.1　电液伺服阀数学模型

　　本节阀控液压系统所选电液伺服阀为力反馈两级电液伺服阀, 其结构如图 3.3 所示。第一级液压放大器为双喷嘴挡板阀, 第二级液压放大器为四通滑阀, 阀芯位移通过反馈杆与衔铁挡板组件相连, 构成滑阀位移力反馈回路。当有控制电流输入时, 会在衔铁上产生电磁力矩, 使衔铁挡板组件绕弹簧转动中心偏转, 弹簧管和反馈杆产生变形, 衔铁挡板偏离中位, 喷嘴挡板阀左右间隙发生变化, 导致四通滑阀左右两端腔室产生压力差, 滑阀产生移动, 同时带动反馈杆进一步变形。当反馈杆和弹簧管变形产生的反力矩与电磁力矩相平衡时, 衔铁挡板组件处于一个平衡位置。当阀芯两端的液压力、反馈杆变形对阀芯产生的反作用力和滑阀的液动力相平衡时，阀芯停止运动，其位移与控制电流成比例。

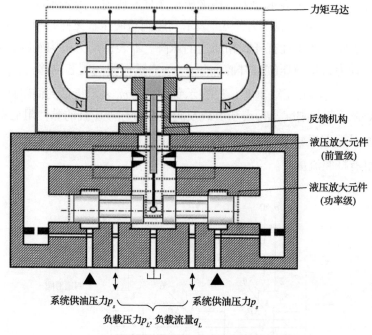

图 3.3　力反馈两级电液伺服阀结构

2.　电液伺服阀流量方程

伺服阀压力-流量方程线性化是在特定工作点进行的局部线性化(一般为伺服阀的零位)，其不能准确地表现伺服阀在整个工作过程中的动态特性，本节考虑伺服阀的压力-流量非线性因素，得到伺服阀的流量方程如下所示。

伺服阀进油流量为

$$q_{sv1} = \begin{cases} K_d x_{sv} \sqrt{p_s - p_{sv1}}, & x_{sv} \geqslant 0 \\ K_d x_{sv} \sqrt{p_{sv1} - p_0}, & x_{sv} < 0 \end{cases} \tag{3.1}$$

伺服阀回油流量为

$$q_{sv2} = \begin{cases} K_d x_{sv} \sqrt{p_{sv2} - p_0}, & x_{sv} \geqslant 0 \\ K_d x_{sv} \sqrt{p_s - p_{sv2}}, & x_{sv} < 0 \end{cases} \tag{3.2}$$

式中，K_d 为等效流量系数；x_{sv} 为伺服阀阀芯位移(m)；p_s 为系统供油压力(Pa)；

p_{sv1} 为伺服阀液压缸无杆腔压力(Pa)；p_{sv2} 为伺服阀液压缸有杆腔压力(Pa)；p_0 为系统回油压力(Pa)。

等效流量系数 K_d 的表达式为

$$K_d = C_d W \sqrt{\frac{2}{\rho}} \tag{3.3}$$

式中，C_d 为伺服阀节流口流量系数；W 为面积梯度(m)；ρ 为液压油密度(kg/m³)。

为了表示及研究方便，令

$$K_1 = \begin{cases} K_d \sqrt{p_s - p_{sv1}}, & x_{sv} \geqslant 0 \\ K_d \sqrt{p_{sv1} - p_0}, & x_{sv} < 0 \end{cases} \tag{3.4}$$

$$K_2 = \begin{cases} K_d \sqrt{p_{sv2} - p_0}, & x_{sv} \geqslant 0 \\ K_d \sqrt{p_s - p_{sv2}}, & x_{sv} < 0 \end{cases} \tag{3.5}$$

根据式(3.2)～式(3.5)可得伺服阀流量方程如下所示。

伺服阀进油流量为

$$q_{sv1} = K_1 x_{sv} \tag{3.6}$$

伺服阀回油流量为

$$q_{sv2} = K_2 x_{sv} \tag{3.7}$$

2. 电液伺服阀传递函数

作用在挡板上的压力反馈回路是由滑阀位移和执行机构负载变化引起的，反映了伺服阀各级负载动态的影响，由于作用在挡板上的压力反馈的影响比力反馈小得多，通常予以忽略。此时的忽略压力反馈回路的力反馈二级伺服阀框图如图3.4所示。

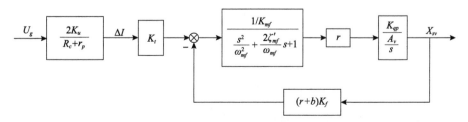

图 3.4　忽略压力反馈回路的力反馈二级伺服阀框图

力反馈伺服阀的传递函数为

$$\frac{X_{sv}}{U_g} = \frac{\dfrac{2K_u K_t}{(R_c + r_p)(r + b)K_f}}{\left(\dfrac{s}{K_{vf}} + 1\right)\left(\dfrac{s^2}{\omega_{mf}^2} + \dfrac{2\zeta'_{mf}}{\omega_{mf}} s + 1\right)} \tag{3.8}$$

式中，U_g 为液压伺服阀输入电压；K_u 为伺服放大器每边增益；K_t 为中位电磁力矩系数；R_c 为每个线圈的电阻(Ω)；r_p 为每个线圈回路中的伺服放大器内阻(Ω)；r 为喷嘴中心至弹簧管回转中心(弹簧管壁部分的中心)的距离(m)；b 为反馈杆小球中心到喷嘴中心距离(m)；K_f 为反馈杆刚度(N/m)；K_{vf} 为力反馈回路开环放大系数；ω_{mf} 为力矩马达固有频率(rad/s)；ζ'_{mf} 为力矩马达的机械阻尼比。

力反馈伺服阀的传递函数也可写为

$$\frac{X_{sv}}{U_g} = \frac{K_a K_{xv}}{\left(\dfrac{s}{K_{vf}} + 1\right)\left(\dfrac{s^2}{\omega_{mf}^2} + \dfrac{2\zeta'_{mf}}{\omega_{mf}} s + 1\right)} \tag{3.9}$$

式中，K_a 为伺服放大器增益；K_{xv} 为伺服阀增益。

伺服阀通常以电流 Δi 为输入参量，以空载流量 $q_0 = K_q x_{sv}$ 为输出参量。此时，伺服阀的传递函数可以表示为

$$\frac{q_0}{\Delta I} = \frac{K_{sv}}{\left(\dfrac{s}{K_{vf}} + 1\right)\left(\dfrac{s^2}{\omega_{mf}^2} + \dfrac{2\zeta'_{mf}}{\omega_{mf}} s + 1\right)} \tag{3.10}$$

式中，K_{sv} 为伺服阀的流量增益。

在大多数电液伺服系统中，伺服阀的动态响应往往高于动力元件的动态响应。为了简化系统的动态特性分析与设计，伺服阀的传递函数可用二阶振荡环节表示。

二阶近似的传递函数可由式(3.11)估计：

$$\frac{q_0}{\Delta I} = \frac{K_{sv}}{\dfrac{s^2}{\omega_{sv}^2} + \dfrac{2\zeta_{sv}}{\omega_{sv}} s + 1} \tag{3.11}$$

式中，ω_{sv} 为伺服阀固有频率(rad/s)；ζ_{sv} 为伺服阀阻尼比。

3.2.2　非对称液压缸数学模型

1. 流量连续性方程

假设伺服阀与液压缸之间的连接管道通径足够大，管道中的压力损失、流体质量影响及管道动态特性均可以忽略不计，液压缸各工作腔内的压力处处相等，油液体积弹性模量及油温为常数，液压缸内外泄漏为层流，可得非对称液压缸两工作腔的流量方程。

非对称液压缸无杆腔的流量及伺服阀至无杆腔的油腔体积分别为

$$
\begin{cases}
q_1 = A_1 \dfrac{\mathrm{d}x_p}{\mathrm{d}t} + C_{ip}(p_1 - p_2) + \dfrac{V_1}{\beta_e}\dfrac{\mathrm{d}p_1}{\mathrm{d}t} \\
V_1 = V_{01} + A_1 x_p
\end{cases}
\tag{3.12}
$$

非对称液压缸有杆腔的流量及伺服阀至有杆腔的油腔体积分别为

$$
\begin{cases}
q_2 = A_2 \dfrac{\mathrm{d}x_p}{\mathrm{d}t} + C_{ip}(p_1 - p_2) - C_{ep}p_2 - \dfrac{V_2}{\beta_e}\dfrac{\mathrm{d}p_2}{\mathrm{d}t} \\
V_2 = V_{02} - A_2 x_p
\end{cases}
\tag{3.13}
$$

式中，A_1 为动力机构液压缸无杆腔面积(m^2)；A_2 为动力机构液压缸有杆腔面积(m^2)；x_p 为伺服缸活塞位移(m)；C_{ip} 为伺服缸内泄漏系数$[\mathrm{m}^3/(\mathrm{s\cdot Pa})]$；$C_{ep}$ 为伺服缸外泄漏系数$[\mathrm{m}^3/(\mathrm{s\cdot Pa})]$；$\beta_e$ 为有效体积弹性模量(Pa)；V_{01} 为无杆腔初始容积(m^3)；V_{02} 为有杆腔初始容积(m^3)。

液压驱动单元进/回油流道均开设于伺服缸缸体内部，考虑伺服缸活塞初始位置的不同，可得到无杆腔与有杆腔的初始容积分别为

$$
\begin{cases}
V_{01} = V_{g1} + A_1 L_0 \\
V_{02} = V_{g2} + A_2(L - L_0)
\end{cases}
\tag{3.14}
$$

式中，V_{g1} 为伺服阀与伺服缸无杆腔连接流道容积(m^3)；V_{g2} 为伺服阀与伺服缸有杆腔连接流道容积(m^3)；L 为伺服缸活塞总行程(m)；L_0 为液压驱动单元伺服缸活塞初始位置(m)。

2. 液压缸和负载的力平衡方程

液压缸的库仑摩擦力相对于负载力很小，故将库仑摩擦力包含于负载力中，不单独考虑。当不考虑液压缸负载力时，由牛顿第二定律可得液压缸和负载的力平衡方程为

$$A_1 p_1 - A_2 p_2 = m_t \frac{\mathrm{d}x_p^2}{\mathrm{d}t} + B_p \frac{\mathrm{d}x_p}{\mathrm{d}t} + Kx_p \tag{3.15}$$

式中，m_t 为折算到伺服缸活塞上的总质量（kg）；K 为负载刚度（N/m）；x_p 为伺服缸活塞位移（m）；B_p 为负载及阀控非对称液压缸的黏性阻尼系数（N·s/m）。

3.2.3 阀控液压系统框图与传递函数

1. 框图

由阀的流量方程、液压缸的流量连续性方程以及力平衡方程三个基本方程，消去中间变量 Q_L 和 P_L，X_{sv}、F_L 和 P_s 为系统的输入量，X_p 为系统的输出量，得到阀控非对称液压缸框图，如图 3.5 所示。

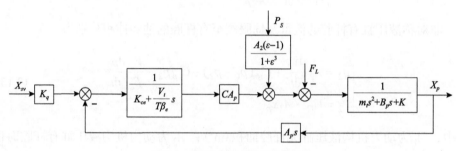

图 3.5 阀控非对称液压缸框图

2. 传递函数

当 X_{sv}、F_L 和 P_s 同时作用时，液压缸活塞的位移为

$$X_p = \cfrac{\dfrac{K_q}{A_p} X_{sv} - \dfrac{K_{ce}}{A_p^2}\left(1 + \dfrac{V_t}{T\beta_e K_{ce}}s\right)F_L + \dfrac{K_{ce}}{A_p^2 C}\left(1 + \dfrac{V_t}{T\beta_e K_{ce}}s\right)\dfrac{\varepsilon-1}{1+\varepsilon^2}A_2 P_s}{\dfrac{m_t V_t}{T\beta_e A_p^2 C}s^3 + \left(\dfrac{m_t K_{ce}}{A_p^2 C} + \dfrac{B_p V_t}{T\beta_e A_p^2 C}\right)s^2 + \left(1 + \dfrac{B_p K_{ce}}{A_p^2 C} + \dfrac{K V_t}{T\beta_e A_p^2 C}\right)s + \dfrac{KK_{ce}}{A_p^2 C}} \tag{3.16}$$

式中，K_{ce} 为总的压力-流量系数，$K_{ce} = K_c + C_{tp}$，C_{tp} 为液压缸总泄漏系数，$C_{tp} = C_{ip} + \dfrac{C_{ep}}{2}$；$T$ 为由液压缸面积不对称引起的有效体积弹性模量变化系数，$T = \dfrac{2(1+\varepsilon^2)}{\varepsilon}$；$C$ 为负载流量等效面积变化系数，$C = \dfrac{2(1-\varepsilon+\varepsilon^2)}{1+\varepsilon^2}$。

3. 传递函数的简化

在动态方程中，考虑了惯性负载、黏性摩擦负载、弹性负载以及油的压缩性和液压缸的泄漏等影响因素，是一个十分通用的形式。实际系统的负载往往没有如此复杂，而且根据具体使用情况，有些影响因素可以忽略，这说明传递函数可以大为简化。为了便于分析，将特征方程转化为标准形式，分解为一阶因子和二阶因子，根据负载特性的不同，主要分为以下两种情况。

1) 没有弹性负载（$B_p = 0$，$K = 0$）的情况

$$X_p = \frac{\dfrac{K_q}{A_p} X_{sv} - \dfrac{K_{ce}}{A_p^2}\left(1 + \dfrac{V_t}{T\beta_e K_{ce}}s\right)F_L + \dfrac{K_{ce}}{A_p^2}\left(1 + \dfrac{V_t}{T\beta_e K_{ce}}s\right)\dfrac{\varepsilon - 1}{1 + \varepsilon^2}A_2 P_s}{s\left(\dfrac{s^2}{\omega_h^2} + \dfrac{2\zeta_h}{\omega_h}s + 1\right)} \tag{3.17}$$

式中，ω_h 为液压固有频率，$\omega_h = \sqrt{\dfrac{T\beta_e A_p^2 C}{m_t V_t}}$；$\zeta_h$ 为没有弹性负载情况下的液压阻尼比，$\zeta_h = \dfrac{K_{ce}}{2A_p}\sqrt{\dfrac{T\beta_e m_t}{V_t C}}$。

2) 有弹性负载（$B_p = 0$，$K \neq 0$）的情况

$$X_p = \frac{\dfrac{K_q}{A_p} X_{sv} - \dfrac{K_{ce}}{A_p^2}\left(1 + \dfrac{V_t}{T\beta_e K_{ce}}s\right)F_L + \dfrac{K_{ce}}{A_p^2}\left(1 + \dfrac{V_t}{T\beta_e K_{ce}}s\right)\dfrac{\varepsilon - 1}{1 + \varepsilon^2}A_2 P_s}{\dfrac{m_t V_t}{T\beta_e A_p^2 C}s^3 + \left(\dfrac{m_t K_{ce}}{A_p^2 C} + \dfrac{B_p V_t}{T\beta_e A_p^2 C}\right)s^2 + \left(1 + \dfrac{KV_t}{T\beta_e A_p^2 C}\right)s + \dfrac{KK_{ce}}{A_p^2 C}} \tag{3.18}$$

若其满足条件：

$$\left[\frac{K_{ce}\sqrt{Km_t}}{A_p^2\left(1 + \dfrac{K}{K_h}\right)}\right]^2 \ll 1 \tag{3.19}$$

则可转化为标准形式：

$$X_p = \frac{\dfrac{K_{ps}A_p C}{K} X_{sv} - \dfrac{1}{K}\left(1 + \dfrac{V_t}{T\beta_e K_{ce}}s\right)F_L + \dfrac{1}{K}\left(1 + \dfrac{V_t}{T\beta_e K_{ce}}s\right)\dfrac{\varepsilon - 1}{1 + \varepsilon^2}A_2 P_s}{\left(\dfrac{s}{\omega_r} + 1\right)\left(\dfrac{s^2}{\omega_h^2} + \dfrac{2\zeta_0}{\omega_h}s + 1\right)} \tag{3.20}$$

式中，K_h 为液压弹簧刚度，$K_h = \dfrac{T\beta_e A_p^2 C}{V_t}$；$K_{ps}$ 为总压力增益，$K_{ps} = K_q/K_{ce}$；

ω_r 为惯性环节的转折频率，$\omega_r = \dfrac{K_{ce}K}{A_p^2 C\left(1 + K/K_h\right)}$；$\omega_h = \dfrac{\omega_0}{\sqrt{1 + K/K_h}}$，$\omega_0$ 为综合固

有频率；ζ_0 为有弹性负载情况下的液压阻尼比，$\zeta_0 = \dfrac{1}{2\omega_0}\left(\dfrac{T\beta_e K_{ce}}{V_t} - \omega_r\right)$。

3.2.4 非对称液压缸的特点

比较阀控对称液压缸和阀控非对称液压缸的传递函数可知：后者分子多出了

$\dfrac{K_{ce}}{A_p^2 C}\left(1 + \dfrac{V_t}{T\beta_e K_{ce}}s\right)\dfrac{\varepsilon - 1}{1 + \varepsilon^2}A_2 P_s$，这就是由面积不对称引起的活塞位移的变化，而

其他结构形式基本相同，只是多出了 T、C 这样一些由面积不对称引起的系数。阀控非对称液压缸具有工作空间小、结构简单、成本低和承载能力强等优点，但是其结构的不对称造成系统的传递函数发生变化，给系统建模和控制带来了很大的困难，成为制约系统性能提升的关键因素。

3.3 阀控液压系统参数表达式推导和特性分析

3.3.1 阀控非对称液压缸的系统有效压力

在液压驱动系统实际工作过程中，动力机构通常会受到四象限的负载作用。根据动力机构的出力和速度，可将动力机构的工作状态分为 4 种工况。若将液压缸向外伸出定义为正方向，则动力机构四象限输出特性如图 3.6 所示，其中，$F_i(i = 1,2,3,4)$ 表示四个象限动力机构的驱动力，$v_i(i = 1,2,3,4)$ 表示四个象限动力机构活塞的速度。由动力机构的驱动力和速度方向可知，动力机构在第一、三象限做正功，在第二、四象限做负功。

由于非对称型动力机构的液压缸左右腔面积具有非对称性，其伸出和缩回时的特性存在差异。根据动力机构活塞运动方向，可将图 3.6 所示的 4 种工况分为 2 种情况，得到非对称型动力机构伸出/缩回特性如图 3.7 所示，其中，图 3.7(a) 为情况 1 特性，动力机构向外伸出，此时的活塞位移、活塞速度和控制阀阀芯位移大于零；图 3.7(b) 为情况 2 特性，动力机构向内缩回，此时的活塞位移、活塞速度和控制阀阀芯位移小于零。

在图 3.7 中，p_s 表示系统供油压力，p_0 表示系统的回油压力，p_1 表示动力机构液压缸无杆腔压力，p_2 表示动力机构液压缸有杆腔压力，Δp_1 表示伺服阀与

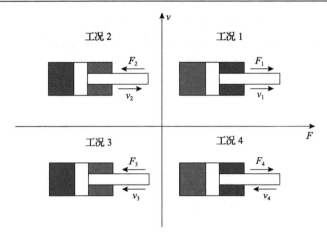

图 3.6　动力机构四象限输出特性

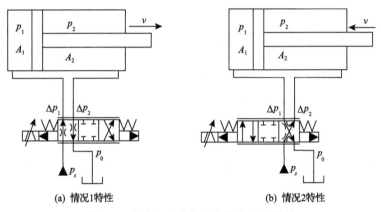

(a) 情况1特性　　　　　　　　　　　　(b) 情况2特性

图 3.7　非对称型动力机构伸出/缩回特性

液压缸无杆腔相通边的压降，Δp_2 表示伺服阀与液压缸有杆腔相通边的压降，A_1 表示动力机构液压缸无杆腔面积，A_2 表示动力机构液压缸有杆腔面积，v 表示动力机构活塞的速度。

在情况 1 和情况 2 下，液压缸两腔的压力分别为

$$p_1 = \begin{cases} p_s - \Delta p_1, & v \geqslant 0 \\ p_0 + \Delta p_1, & v < 0 \end{cases} \tag{3.21}$$

$$p_2 = \begin{cases} p_0 + \Delta p_2, & v \geqslant 0 \\ p_s - \Delta p_2, & v < 0 \end{cases} \tag{3.22}$$

动力机构液压缸的驱动力为

$$F = A_1 p_1 - A_2 p_2 \tag{3.23}$$

在情况 1 中，若 F 大于零，则表示图 3.6 中的工况 1，若 F 小于零，则表示图 3.6 中的工况 2；在情况 2 中，若 F 大于零，则表示图 3.6 中的工况 4，若 F 小于零，则表示图 3.6 中的工况 3。

定义动力机构的负载压力为

$$p_L = \frac{F}{A_1} = p_1 - np_2 \tag{3.24}$$

式中，n 为动力机构液压缸两腔面积比，$n = A_2 / A_1$。

根据经伺服阀流入/流出液压缸有杆腔和无杆腔的油液流量之比，并忽略泄漏和油液压缩性，伺服阀双边压降满足

$$\frac{\sqrt{\Delta p_2}}{\sqrt{\Delta p_1}} = n \tag{3.25}$$

结合式 (3.21)~式 (3.25)，伺服阀压降可以表示为

$$\Delta p_1 = \frac{1}{n^2} \Delta p_2 = \begin{cases} \dfrac{p_s - np_0 - p_L}{1 + n^3}, & v \geqslant 0 \\ \dfrac{np_s - p_0 + p_L}{1 + n^3}, & v < 0 \end{cases} \tag{3.26}$$

根据式 (3.26)，利用节流小孔公式，计算经伺服阀流入/流出液压缸无杆腔的油液流量为

$$q_1 = \pm C_d A_v \sqrt{\frac{2\Delta p_1}{\rho}} = \begin{cases} C_d A_v \sqrt{\dfrac{2(p_s - np_0 - p_L)}{\rho(1 + n^3)}}, & v \geqslant 0 \\ -C_d A_v \sqrt{\dfrac{2(np_s - p_0 + p_L)}{\rho(1 + n^3)}}, & v < 0 \end{cases} \tag{3.27}$$

式中，C_d 为伺服阀节流口流量系数；A_v 为伺服阀通油面积；ρ 为液压油密度。流量 $q_1 > 0$ 表示流入，$q_1 < 0$ 表示流出。

根据式 (3.27)，计算动力机构液压缸活塞的速度为

$$v = \frac{q_1}{A_1} = \begin{cases} \dfrac{C_d A_v}{A_1} \sqrt{\dfrac{2(p_s - np_0 - p_L)}{\rho(1 + n^3)}}, & v \geqslant 0 \\ -\dfrac{C_d A_v}{A_1} \sqrt{\dfrac{2(np_s - p_0 + p_L)}{\rho(1 + n^3)}}, & v < 0 \end{cases} \tag{3.28}$$

由图 3.6 和图 3.7 可知, 情况 1 中的工况 2 和情况 2 中的工况 4 为动力机构做负功, 即负载对动力机构做功, 动力机构输出功率随负载力的增加而变大。因此, 需重点研究动力机构做正功时的输出特性, 即情况 1 中的工况 1 和情况 2 中的工况 3。根据动力机构液压缸的驱动力和活塞的速度, 确定动力机构的输出功率为

$$P = Fv = \begin{cases} p_L C_d A_v \sqrt{\dfrac{2(p_s - np_0 - p_L)}{\rho(1+n^3)}}, & v \geqslant 0, \ F \geqslant 0 \\[3mm] -p_L C_d A_v \sqrt{\dfrac{2(np_s - p_0 + p_L)}{\rho(1+n^3)}}, & v < 0, \ F < 0 \end{cases} \tag{3.29}$$

将式 (3.29) 对动力机构负载压力 p_L 求导数, 并令其等于零, 得

$$\frac{\partial P}{\partial p_L} = \begin{cases} C_d A_v \dfrac{2(p_s - np_0 - p_L) - p_L}{\sqrt{2\rho(1+n^3)(p_s - np_0 - p_L)}} = 0, & v \geqslant 0, \ F \geqslant 0 \\[4mm] -C_d A_v \dfrac{2(np_s - p_0 + p_L) + p_L}{\sqrt{2\rho(1+n^3)(np_s - p_0 + p_L)}} = 0, & v < 0, \ F < 0 \end{cases} \tag{3.30}$$

对式 (3.30) 进行化简, 可得

$$\begin{cases} 2(p_s - np_0 - p_L) - p_L = 0, & v \geqslant 0, \ F \geqslant 0 \\ 2(np_s - p_0 + p_L) + p_L = 0, & v < 0, \ F < 0 \end{cases} \tag{3.31}$$

根据式 (3.31), 负载压力为

$$p_L = \begin{cases} \dfrac{2}{3}(p_s - np_0), & v \geqslant 0, \ F \geqslant 0 \\[3mm] -\dfrac{2}{3}(np_s - p_0), & v < 0, \ F < 0 \end{cases} \tag{3.32}$$

由式 (3.29) ~ 式 (3.32) 可以看出, 在工况 1 情况下, 动力机构负载压力为 $p_s - np_0$ 的 2/3 时, 动力机构的输出功率最大; 在工况 3 情况下, 动力机构负载压力为 $np_s - p_0$ 的 2/3 时, 动力机构的输出功率最大, 负载压力为负, 表示动力机构输出力的方向为负方向。

综上所述, 无论是工况 1 还是工况 3, 动力机构负载压力为某个压力 ($p_s - np_0$ 或 $np_s - p_0$) 的 2/3 时, 动力机构输出功率最大, 定义该压力为系统有效压力, 即

$$p_n = \begin{cases} p_{n1} = p_s - np_0, & v \geqslant 0 \\ p_{n2} = np_s - p_0, & v < 0 \end{cases} \tag{3.33}$$

　　由式(3.32)和式(3.33)可知，在对称型动力机构且无背压情况下，系统有效压力等于系统压力；当负载压力等于 2/3 系统压力时，动力机构的输出功率最大。由此表明，本节定义的系统有效压力具有普遍性，其包含对称型动力机构在无回油背压情况下的特殊工况。同时，由式(3.28)可知，若系统的负载力为零，则液压驱动系统的压降全在伺服阀上，其能为伺服阀供给的最大压降为系统有效压力。

　　虽然式(3.33)所示的系统有效压力是通过工况 1 和工况 3 推导得到的，但在计算工况 2 和工况 4 情况下的动力机构输出力和速度时，系统有效压力同样适用。根据式(3.23)和式(3.28)，可将 4 种工况的动力机构四象限输出特性表示为

$$
\begin{cases}
F = A_1 p_1 - A_2 p_2 = p_L A_1 = k p_n A_1 \\
v = \begin{cases}
\dfrac{C_d A_v}{A_1}\sqrt{\dfrac{2(p_n - p_L)}{\rho(1+n^3)}}, & v \geqslant 0 \\[3mm]
-\dfrac{C_d A_v}{A_1}\sqrt{\dfrac{2(p_n + p_L)}{\rho(1+n^3)}}, & v < 0
\end{cases}
\end{cases} \tag{3.34}
$$

式中，k 为负载压力与系统有效压力的比值，在工况 1 和工况 4 下为正，在工况 2 和工况 3 下为负，其绝对值为 0～1。

　　针对存在回油背压的阀控非对称型动力机构液压驱动系统，为了验证系统有效压力与动力机构输出特性间的关系，假设 $p_s = 21\text{MPa}$，$p_0 = 0.5\text{MPa}$，$A_1 = 6.16 \times 10^{-4}\,\text{m}^2$，$A_v = 7.85 \times 10^{-6}\,\text{m}^2$，$n = 0.8$，并由液压驱动系统基本参数可知 $C_d = 0.7$，$\rho = 890\text{kg/m}^3$。根据式(3.34)可得动力机构四象限输出特性曲线如图 3.8 所示。

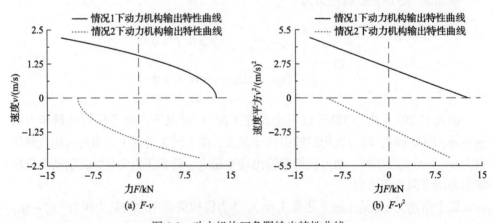

图 3.8　动力机构四象限输出特性曲线

　　进一步对系统有效压力进行验证，对式(3.29)进行变形，得到动力机构输出功率的无因次公式为

$$\begin{cases} \dfrac{P}{C_d A_v (p_s - np_0)\sqrt{\dfrac{2(p_s - np_0)}{\rho(1+n^3)}}} = \dfrac{p_L}{p_s - np_0}\sqrt{1 - \dfrac{p_L}{p_s - np_0}}, & v \geqslant 0, F \geqslant 0 \\[4mm] \dfrac{P}{C_d A_v (np_s - p_0)\sqrt{\dfrac{2(np_s - p_0)}{\rho(1+n^3)}}} = \dfrac{-p_L}{np_s - p_0}\sqrt{1 - \dfrac{-p_L}{np_s - p_0}}, & v < 0, F < 0 \end{cases} \tag{3.35}$$

将式 (3.33) 代入式 (3.35)，则式 (3.35) 可表示为

$$\frac{P}{C_d A_v p_n \sqrt{\dfrac{2p_n}{\rho(1+n^3)}}} = \frac{|p_L|}{p_n}\sqrt{1 - \frac{|p_L|}{p_n}} \tag{3.36}$$

根据式 (3.36)，当 $0 \leqslant |p_L|/p_n \leqslant 1$ 时，得到动力机构输出功率随负载压力变化的无因次曲线，如图 3.9 所示。

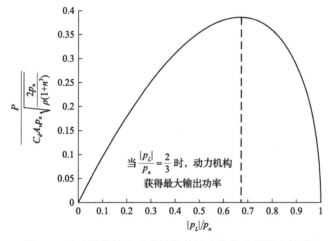

图 3.9　动力机构输出功率随负载压力变化的无因次曲线

由图 3.9 可以看出，当 $|p_L| = 0$ 时，动力机构输出力为 0，所以动力机构输出功率等于 0。当 $|p_L| = p_n$ 时，伺服阀节流边无压差，即无液压油流动，导致液压缸活塞速度为 0，所以动力机构输出功率也等于 0。当 $|p_L|/p_n = 2/3$ 时，动力机构的输出功率最大。

3.3.2　阀控非对称液压缸的压力特性

根据伺服阀压降公式，可以写出液压缸两腔压力变化方程为

$$
\begin{cases}
\Delta p_1 = p_1' - p_1 = \dfrac{np_s(1-n^2)}{1+n^3} \\[3mm]
\Delta p_2 = p_2' - p_2 = \dfrac{p_s(1-n^2)}{1+n^3}
\end{cases}
\tag{3.37}
$$

式(3.37)表明，活塞杆运动方向改变时液压缸两腔压力存在压力突变，其大小与负载无关，仅与供油压力 p_s 和面积比 n 有关。

假定系统工作压力为 10MPa，活塞直径为 63mm，活塞杆直径为 45mm，可求得面积比 $n = 0.51$。因此，可以得出对称阀控非对称液压缸两腔压力随负载变化规律，如图 3.10 所示。

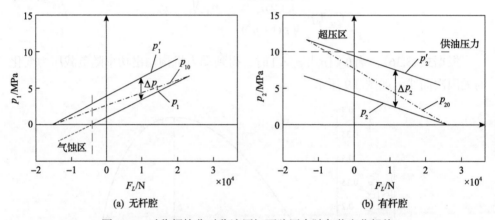

图 3.10　对称阀控非对称液压缸两腔压力随负载变化规律

由图 3.10 可见，当负载大范围变化时，一腔的压力有可能超出能源压力 p_s，另一腔的压力有可能会降低到零而发生危害极大的气蚀现象，特别是当活塞杆受到较大的拉力即出现较大载荷时，液压缸的无杆腔发生气蚀现象是不可避免的；反之，当活塞杆受到很大的压向载荷时，有杆腔可能会出现负压现象，而无杆腔可能会出现超压现象。可见，对称阀控非对称液压缸系统的负载变化范围受到了限制，特别是承受拉向负载的能力较差。

对于这种压力突然升高到大于供油压力和突然降低至小于零的现象，目前还没有找到很好的解决办法，只能对负荷变化的范围加以限制。但系统往往要求液压缸有很大的负载变化范围，这就使得液压缸发生气蚀和超压的危险不可避免。除非将液压缸的面积设计得很大，但这又过分增大了功率设置，是不合理的。只要采用传统的具有对称阀口的伺服阀来控制非对称液压缸，压力突变现象就不能消除，这也为采用压力负反馈校正来提高系统的阻尼比，进而扩展系统的频带和提高控制精度带来了困难。

3.3.3　阀控动力机构的速度平方刚度

如图 3.8(b) 所示，可采用 $F\text{-}v^2$ 描述动力机构四象限输出特性曲线，其输出特性曲线为两条直线。根据式 (3.23) 和式 (3.34)，可计算图中两条直线的方程为

$$v^2 = \begin{cases} \dfrac{2C_d^2 A_v^2 \left(A_1 p_n - F\right)}{\rho A_1^3 (1 + n^3)}, & v \geqslant 0 \\[4mm] -\dfrac{2C_d^2 A_v^2 \left(A_1 p_n + F\right)}{\rho A_1^3 (1 + n^3)}, & v < 0 \end{cases} \tag{3.38}$$

将式 (3.38) 对 F 求导数，可得

$$\frac{\mathrm{d}v^2}{\mathrm{d}F} = -\frac{2C_d^2 A_v^2}{\rho A_1^3 (1 + n^3)} \tag{3.39}$$

速度平方刚度为力与速度平方之比，动力机构速度平方刚度为

$$\frac{\mathrm{d}F}{\mathrm{d}v^2} = -\frac{\rho A_1^3 (1 + n^3)}{2C_d^2 A_v^2} \tag{3.40}$$

对于某个液压驱动系统，液压油密度和伺服阀节流口流量系数通常为常数。由式 (3.40) 可知，动力机构的速度平方刚度仅与动力机构液压缸的活塞面积、液压缸两腔面积比和伺服阀通油面积相关，而与液压系统的参数无关(如系统压力和回油背压)，表明动力机构的速度平方刚度是其固有属性之一，在负载匹配过程中可用于描述动力机构特性。

3.3.4　阀控非对称液压缸的输出特性

将伺服阀的压力-流量特性曲线经坐标变换绘于 $F_L\text{-}v$ 平面上，所得抛物线即为动力机构稳态时的输出特性。

当活塞杆伸出(即阀芯位移 $x_{sv} > 0$)时，活塞杆伸出速度为

$$v = \frac{Q_1}{A_1} = \frac{C_d w x_{sv}}{A_1} \sqrt{\frac{2}{\rho}(p_s - p_1)} = \frac{C_d w x_{sv}}{A_1} \sqrt{\frac{2}{\rho(1 + n^3)}(p_s - p_{L1})} \tag{3.41}$$

当活塞杆缩回(即阀芯位移 $x_{sv} < 0$)时，活塞杆缩回速度为

$$v' = \frac{q_1'}{A_1} = \frac{C_d w x_{sv}}{A_1} \sqrt{\frac{2}{\rho}p_1'} = \frac{C_d w x_{sv}}{A_1} \sqrt{\frac{2}{\rho(1 + n^3)}(np_s + p_{L1})} \tag{3.42}$$

利用式(3.41)和式(3.42)可绘出系统输出特性曲线。为使它更具有普遍性，通常将其转化成无量纲的形式。令阀的空载最大流量 q_0 和活塞杆的空载最大速度 v_0 为 $F_L = 0$ 和 $x_{sv} = x_{v\max}$ 时阀的空载最大流量和活塞杆的空载最大速度，即

$$\begin{cases} q_0 = C_d w_1 x_{v\max} \sqrt{\dfrac{2m^2}{\rho(n^3 + m^2)} p_s} \\[3mm] v_0 = \dfrac{q_0}{A_1} = \dfrac{C_d w_1 x_{v\max}}{A_1} \sqrt{\dfrac{2m^2}{\rho(n^3 + m^2)} p_s} \end{cases} \tag{3.43}$$

令 $\bar{x}_v = \dfrac{x_{sv}}{x_{v\max}}$ 为量纲一的位移，$\bar{F}_L = \dfrac{F_L}{p_s A_1}$ 为量纲一的负载，则得到

$$\begin{cases} \dfrac{v}{v_0} = \dfrac{x_{sv}}{x_{v\max}} \sqrt{1 - \dfrac{F_L}{p_s A_1}}, & x_{sv} \geqslant 0 \\[4mm] \dfrac{v'}{v_0} = \dfrac{x_{sv}}{x_{v\max}} \sqrt{n + \dfrac{F_L}{p_s A_1}}, & x_{sv} < 0 \end{cases} \tag{3.44}$$

利用式(3.43)和式(3.44)可绘出对称阀控非对称液压缸系统的输出特性曲线，设定 $v_{0\max+}$ 为活塞杆的最大空载速度，如图3.11所示。

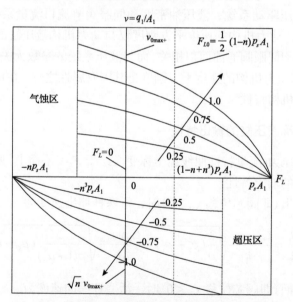

图 3.11　对称阀控非对称液压缸系统的输出特性曲线

图3.11中标出了液压缸发生气蚀和超压的区域，两个区域之间的范围为系统能承受的有效负载范围。由液压缸两腔压力不小于零和不超过 p_s 的条件可求得对

称阀控非对称液压缸系统能承受的有效负载范围为 $\left[-n^3 p_s A_1, \left(1+n^3 - n \right) p_s A_1 \right]$。

3.3.5　阀控非对称液压缸的正反向速度比

根据伺服阀进油流量公式和伺服阀出油流量公式,当正反两个方向的阀芯位移相等时,液压缸活塞杆伸出速度和缩回速度之比,即正反向运动时的速度比(即流量比)为

$$\frac{v}{v'} = \sqrt{\frac{p_s - F_L / A_1}{np_s + F_L / A_1}} \tag{3.45}$$

当负载为零时,速度比为

$$\frac{v}{v'} = \sqrt{\frac{1}{n}} \tag{3.46}$$

可见,对于正反两个运动方向,动力机构的速度增益是不相等的,这必然引起系统动态性能的不对称;速度比与阀无关,仅与液压缸面积比 n 有关。令液压缸活塞杆伸出速度和缩回速度之比等于 1,则由式(3.45)可得

$$F_{L0} = \frac{1-n}{2} p_s A_1 \tag{3.47}$$

即在正反方向阀芯位移相等的情况下,当负载小于 F_{L0} 时,液压缸伸出速度大于缩回速度;当负载大于 F_{L0} 时,液压缸缩回速度大于伸出速度;当负载等于 F_{L0} 时,液压缸伸出速度与缩回速度相等。

3.4　动力机构位置控制系统描述与性能指标

3.4.1　动力机构位置控制系统描述

1. 非对称液压驱动系统的液压固有频率

液压固有频率是对液压驱动系统进行描述的基本参数之一,一般而言,液压固有频率越大,系统的性能越好。图 3.12 为非对称液压缸的液压弹簧示意图,非对称液压缸左右两腔面积不等,因此存在两种工况。假设图中的液压缸为一个理想无摩擦无泄漏的液压缸,两个工作腔内充满高压液压油并完全封闭,液压油的体积弹性模数为常数。

由于液压油具有可压缩性,当活塞受到外力作用时,活塞会移动。活塞移动将使一腔压力升高,另一腔压力降低(假设压力不降低到零以下,即不会发生气穴现象)。

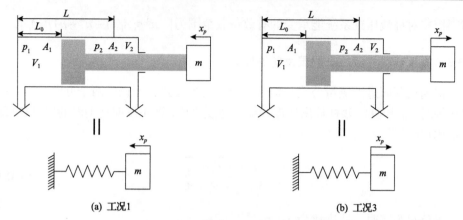

图 3.12　非对称液压缸的液压弹簧示意图

当液压缸处于工况 1 时，根据体积弹性模数的定义，可得该工况下液压缸两腔的压力分别为

$$p_1 = \frac{\beta_e}{V_1} A_1 x_p \tag{3.48}$$

$$p_2 = -\frac{\beta_e}{V_2} A_2 x_p \tag{3.49}$$

式中，β_e 为液压油等效体积弹性模数；V_1 为液压缸无杆腔容积；V_2 为液压缸有杆腔容积；x_p 为液压缸活塞杆位移。

根据式 (3.48) 和式 (3.49)，可计算工况 1 下液压缸复位力为

$$A_1 p_1 - A_2 p_2 = \beta_e \left(\frac{A_1^2}{V_1} + \frac{A_2^2}{V_2} \right) x_p = \beta_e A_1 \left(\frac{1}{V_1} + \frac{n^2}{V_2} \right) x_p \tag{3.50}$$

因此，工况 1 下的液压弹簧刚度为

$$K_{h1} = \beta_e A_1 \left(\frac{1}{V_1} + \frac{n^2}{V_2} \right) \tag{3.51}$$

当液压缸处于工况 3 时，根据体积弹性模数的定义，可得该工况下液压缸两腔的压力分别为

$$p_1 = -\frac{\beta_e}{V_1} A_1 x_p \tag{3.52}$$

$$p_2 = \frac{\beta_e}{V_2} A_2 x_p \tag{3.53}$$

根据式(3.52)和式(3.53)，可计算工况 3 下液压缸复位力为

$$A_2 p_2 - A_1 p_1 = \beta_e \left(\frac{A_2^2}{V_2} + \frac{A_1^2}{V_1} \right) x_p = \beta_e A_1 \left(\frac{n^2}{V_2} + \frac{1}{V_1} \right) x_p \tag{3.54}$$

因此，工况 3 下的液压弹簧刚度为

$$K_{h3} = \beta_e A_1 \left(\frac{n^2}{V_2} + \frac{1}{V_1} \right) \tag{3.55}$$

由式(3.51)和式(3.55)可知，在工况 1 和工况 3 下，非对称液压缸的液压弹簧刚度相等。因此，非对称液压缸的液压弹簧刚度为

$$K_h = \beta_e A_1 \left(\frac{1}{V_1} + \frac{n^2}{V_2} \right) \tag{3.56}$$

由式(3.56)可知，对于一个结构参数固定的非对称液压缸，液压弹簧刚度取决于液压缸两腔的容积，而液压缸两腔的容积与活塞所处的位置有关。对式(3.56)求最小值，可计算液压缸活塞位置为

$$L_0 = \frac{L}{\sqrt{n} + 1} \tag{3.57}$$

式中，L_0 为液压缸活塞至无杆腔端面距离；L 为液压缸行程。

因此，当液压缸活塞处于式(3.57)的位置时，根据式(3.56)，计算最小的液压弹簧刚度为

$$K_h = \beta_e A_1^2 \left(\frac{1}{V_1} + \frac{n^2}{V_2} \right) = \beta_e A_1^2 \left[\frac{1}{A_1 L_0} + \frac{n^2}{n A_1 (L - L_0)} \right] = \left(\sqrt{n} + 1 \right)^2 \frac{\beta_e A_1}{L} \tag{3.58}$$

如果液压缸活塞杆前端连接一个质量块，则构成了一个液压弹簧-质量系统。根据式(3.58)，计算该系统的固有频率为

$$\omega_h = \left(\sqrt{n} + 1 \right) \sqrt{\frac{\beta_e A_1}{mL}} \tag{3.59}$$

式中，m 为液压缸活塞质量、活塞杆质量和负载等效质量之和。

2. 动力机构位置控制系统传递函数

动力机构的位置控制是机器人控制的基本方法之一。只有深入了解位置控制系统的组成结构和特性，才能在进行负载匹配时，充分考虑所设计系统的性能。根据液压控制系统的伺服阀流量方程、液压缸流量连续性方程及液压缸和负载的力平衡方程，经拉氏变换和化简，可获得动力机构位置控制系统的输出量为

$$X_p = \frac{\dfrac{K_q X_{sv}}{A_1} - \dfrac{K_{ce}}{A_1^2}\left[\dfrac{LA_1}{\beta_e K_{ce}\left(\sqrt{n}+1\right)^2}s+1\right]F_L}{\dfrac{Lm}{A_1\beta_e\left(\sqrt{n}+1\right)^2}s^3 + \left[\dfrac{mK_{ce}}{A_1^2} + \dfrac{B_c L}{A_1\beta_e\left(\sqrt{n}+1\right)^2}\right]s^2 + \left[\dfrac{\dfrac{KL}{A_1\beta_e\left(\sqrt{n}+1\right)^2}}{+\dfrac{B_c K_{ce}}{A_1^2}+1}\right]s + \dfrac{KK_{ce}}{A_1^2}}$$

(3.60)

其中，

$$K_{ce} = K_c + \frac{C_{tp}}{\sqrt{n}}$$

(3.61)

式中，X_p 为经拉氏变换后的液压缸活塞杆位移；K_q 为伺服阀流量增益；X_{sv} 为经拉氏变换后的伺服阀阀芯位移；K_{ce} 为总的压力-流量系数；L 为液压缸行程；β_e 为液压油等效体积弹性模数；F_L 为外负载力；B_c 为液压缸活塞和负载的黏性阻尼系数；K 为负载的弹簧刚度；K_c 为伺服阀压力-流量系数；C_{tp} 为液压缸总泄漏系数。

通常认为机器人为无弹性负载，即 $K=0$。A_1^2/K_{ce} 即为阻尼系数，是由阀的节流效应和液压缸泄漏产生的，其值一般远大于 B_c，因此 $B_c K_{ce}/A_1^2$ 与 1 相比可以忽略，则式(3.60)可以表示为

$$X_p = \frac{\dfrac{K_q X_{sv}}{A_1} - \dfrac{K_{ce}}{A_1^2}\left[\dfrac{LA_1}{\beta_e K_{ce}\left(\sqrt{n}+1\right)^2}s+1\right]F_L}{s\left\{\dfrac{Lm}{A_1\beta_e\left(\sqrt{n}+1\right)^2}s^2 + \left[\dfrac{mK_{ce}}{A_1^2} + \dfrac{B_c L}{A_1\beta_e\left(\sqrt{n}+1\right)^2}\right]s+1\right\}}$$

(3.62)

进一步，式(3.62)可表示为

$$X_p = \frac{\dfrac{K_q X_{sv}}{A_1} - \dfrac{K_{ce}}{A_1^2}\left[\dfrac{LA_1}{\beta_e K_{ce}\left(\sqrt{n}+1\right)^2}s+1\right]F_L}{s\left(\dfrac{s^2}{\omega_h^2}+\dfrac{2\zeta_h}{\omega_h}s+1\right)} \tag{3.63}$$

式中，ω_h 为液压固有频率；ζ_h 为液压阻尼比。其具体表达式分别为

$$\omega_h = \left(\sqrt{n}+1\right)\sqrt{\frac{\beta_e A_1}{mL}} \tag{3.64}$$

$$\zeta_h = \left(\sqrt{n}+1\right)\frac{K_{ce}}{2A_1}\sqrt{\frac{\beta_e m}{A_1 L}} + \frac{B_c}{2A_1\left(\sqrt{n}+1\right)}\sqrt{\frac{A_1 L}{\beta_e m}} \approx \left(\sqrt{n}+1\right)\frac{K_{ce}}{2A_1}\sqrt{\frac{\beta_e m}{A_1 L}} \tag{3.65}$$

设伺服阀流量增益为

$$K_v = K_q K_{xv} \tag{3.66}$$

式中，K_{xv} 为伺服阀增益。

根据式(3.64)和式(3.65)，设定期望位置 X_r 为输入，可得动力机构位置控制系统框图如图 3.13 所示。

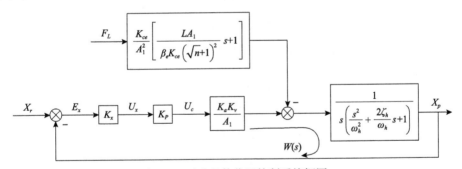

图 3.13　动力机构位置控制系统框图

根据图 3.13，得到动力机构位置控制回路的开环传递函数为

$$W(s) = \frac{K_v}{s\left(\dfrac{s^2}{\omega_h^2}+\dfrac{2\zeta_h}{\omega_h}s+1\right)} \tag{3.67}$$

其中，

$$K_v = \frac{K_x K_P K_a K_v}{A_1} \tag{3.68}$$

式中，K_v 为开环增益/速度放大系数；K_x 为位移传感器增益；K_P 为控制器增益；K_a 为伺服阀放大器增益。

3.4.2 动力机构位置控制系统性能指标

1. 动力机构位置控制系统的稳定性

开环对数频率特性(伯德图)常用来分析系统的稳定性。对于一般的液压伺服系统，当相位裕量和幅值裕量均为正值时，系统稳定。为了使系统获得满意的性能，通常需保证：相位裕量为 $30° \sim 60°$，幅值裕量为 6~12dB，且未经校正时系统的阻尼比很小，其相位裕量易得到保证，通常为 $70° \sim 80°$ [58, 60]。

因此，动力机构位置控制系统的稳定性主要取决于系统的幅值裕量，其表达式为

$$K_g = -20\lg \frac{K_v}{2\zeta_h \omega_h} \tag{3.69}$$

若要保证系统稳定并具备一定的稳定裕量，则系统的幅值裕量应满足

$$K_g = -20\lg \frac{K_v}{2\zeta_h \omega_h} \geqslant K_{gW} \tag{3.70}$$

式中，K_{gW} 为动力机构位置控制系统幅值裕度。

根据式(3.70)，系统的开环增益应满足

$$K_v \leqslant \frac{2\zeta_h \omega_h}{10^{K_{gW}/20}} \tag{3.71}$$

联立式(3.68)和式(3.71)，计算系统的控制器增益需满足

$$K_P \leqslant \frac{2\zeta_h \omega_h}{10^{K_{gW}/20}} \frac{A_1}{K_x K_a K_v} \tag{3.72}$$

由式(3.60)可知，在动力机构位置控制系统的幅值裕量确定后，可通过式(3.72)计算该系统的控制器增益。这种计算控制器增益的方法适用于未进行校正的系统。

2. 动力机构位置控制系统的闭环响应

动力机构位置控制系统对输入信号的跟踪情况是系统需要满足的基本条件，

其闭环响应是系统重要的动态特征之一。令式(3.67)中的 $s = \mathrm{j}\omega$ ，可得动力机构位置控制系统以角频率 ω 为变量的复变函数，即该系统的闭环频率特性为

$$G(\mathrm{j}\omega) = \cfrac{1}{\cfrac{(\mathrm{j}\omega)^3}{K_v\omega_h^2} + \cfrac{2\zeta_h}{K_v\omega_h}(\mathrm{j}\omega)^2 + \cfrac{\mathrm{j}\omega}{K_v} + 1} \tag{3.73}$$

对式(3.73)进行化简，得到动力机构位置闭环控制系统的实频特性和虚频特性分别为

$$U_G = \frac{K_v\omega_h^2\left(K_v\omega_h^2 - 2\zeta_h\omega_h\omega^2\right)}{\left(\omega\omega_h^2 - \omega^3\right)^2 + \left(K_v\omega_h^2 - 2\zeta_h\omega_h\omega^2\right)^2} \tag{3.74}$$

$$V_G = -\frac{K_v\omega_h^2\left(\omega\omega_h^2 - \omega^3\right)}{\left(\omega\omega_h^2 - \omega^3\right)^2 + \left(K_v\omega_h^2 - 2\zeta_h\omega_h\omega^2\right)^2} \tag{3.75}$$

根据式(3.73)～式(3.75)，得到动力机构位置闭环控制系统的幅频特性和相频特性分别为

$$|G(\mathrm{j}\omega)| = \sqrt{U_G^2 + V_G^2} = \frac{K_v\omega_h^2}{\sqrt{\left(K_v\omega_h^2 - 2\zeta_h\omega_h\omega^2\right)^2 + \left(\omega_h^2\omega - \omega^3\right)^2}} \tag{3.76}$$

$$\angle G(\mathrm{j}\omega) = \arctan\left(\frac{V_G}{U_G}\right) = \arctan\left(-\frac{\omega_h^2\omega - \omega^3}{K_v\omega_h^2 - 2\zeta_h\omega_h\omega^2}\right) \tag{3.77}$$

进一步，根据式(3.76)和式(3.77)，得到动力机构位置闭环控制系统的对数幅频特性和对数相频特性分别为

$$L_G(\omega) = 20\lg|G(\mathrm{j}\omega)| = 20\lg\frac{K_v\omega_h^2}{\sqrt{\left(K_v\omega_h^2 - 2\zeta_h\omega_h\omega^2\right)^2 + \left(\omega_h^2\omega - \omega^3\right)^2}} \tag{3.78}$$

$$\varphi_G(\omega) = \angle G(\mathrm{j}\omega) = \arctan\left(-\frac{\omega_h^2\omega - \omega^3}{K_v\omega_h^2 - 2\zeta_h\omega_h\omega^2}\right) \tag{3.79}$$

对于一般的液压伺服阀控制系统，通常采用闭环系统幅频特性曲线下降至–3dB时的频率 $\omega_{-3\mathrm{dB}}$ 表征系统的闭环响应，该频率称为系统的频宽。又因为有

$$\begin{cases} L_G(\omega_b) = 20 \lg \dfrac{K_v \omega_h^2}{\sqrt{\left(K_v \omega_h^2 - 2\zeta_h \omega_h \omega_b^2\right)^2 + \left(\omega_h^2 \omega_b - \omega_b^3\right)^2}} \approx -3\mathrm{dB} \\[4mm] L_G(\omega_c) = 20 \lg \dfrac{K_v \omega_h^2}{\sqrt{\left(K_v \omega_h^2 - 2\zeta_h \omega_h \omega_c^2\right)^2 + \left(\omega_h^2 \omega_c - \omega_c^3\right)^2}} \approx -3\mathrm{dB} \end{cases} \tag{3.80}$$

所以动力机构位置控制系统的频宽、闭环一阶因子的转折频率、穿越频率和开环增益间的关系为

$$\omega_{-3\mathrm{dB}} \approx \omega_b \approx \omega_c \approx K_v \tag{3.81}$$

由式(3.81)可知，可用动力机构位置开环系统的开环增益表征位置闭环控制系统的频宽，且系统的频宽越大，系统的闭环响应越好。

3. 动力机构位置控制系统的负载力响应

在运动过程中，动力机构会受到外负载力的影响，采用闭环刚度来表征系统对外负载力的响应。系统闭环刚度越大，系统的抗负载扰动能力越强。

根据图 3.13 可计算系统对外负载力的传递函数，经化简后，获得动力机构位置控制系统的闭环刚度为

$$\frac{F_L}{X_p} = -\frac{K_v A_1^2}{K_{ce}} \left(\frac{s^2}{\omega_{nc}^2} + \frac{2\zeta_{nc}}{\omega_{nc}} s + 1 \right) \tag{3.82}$$

式中，ω_{nc} 为位置控制系统闭环二阶因子的固有频率；ζ_{nc} 为位置控制系统闭环二阶因子的阻尼比。

由二阶微分环节的对数频率特性可知，当 $\omega = \omega_{nc}$ 时，式(3.82)取得最小值，即该点为系统的闭环刚度最低点，其值为

$$K_{bm} = \left| -\frac{F_L(\mathrm{j}\omega)}{X_p(\mathrm{j}\omega)} \right|_{\min} = \frac{2\zeta_{nc} K_v A_1^2}{K_{ce}} \tag{3.83}$$

由于闭环刚度是对外负载力引起误差的度量，由式(3.82)可知，提高系统开环增益能减小系统外负载力引起的误差。

4. 动力机构位置控制系统的瞬态响应

系统的瞬态响应通常采用阶跃信号下的过渡过程来表征，衡量指标包括超调量、过渡时间和振荡次数等。目前，通常认为系统超调 8%左右、振荡 2 次为较为

理想的系统，并称为"三阶最佳"系统[60]。

"三阶最佳"系统的闭环传递函数需满足

$$G_r(s) = \cfrac{1}{\cfrac{s^3}{\omega_r^3} + 2\cfrac{s^2}{\omega_r^2} + 2\cfrac{s}{\omega_r} + 1} \tag{3.84}$$

式中，ω_r 为"三阶最佳"系统频率。

根据式(3.84)，计算"三阶最佳"系统开环传递函数为

$$W_r(s) = \frac{G_r(s)}{1 - G_r(s)} = \cfrac{\cfrac{\omega_r}{2}}{s\left(\cfrac{s^2}{2\omega_r^2} + \cfrac{s}{\omega_r} + 1\right)} \tag{3.85}$$

对比式(3.85)和式(3.65)可知，要使式(3.65)描述的系统能成为"三阶最佳"系统，则其固有频率需满足

$$\omega_h = \sqrt{2}\omega_r \tag{3.86}$$

将式(3.86)代入式(3.85)，可得

$$W_r(s) = \cfrac{\cfrac{\omega_h}{2\sqrt{2}}}{s\left(\cfrac{s^2}{\omega_h^2} + \cfrac{2}{\sqrt{2}\omega_h}s + 1\right)} \tag{3.87}$$

根据待定系数法，对比式(3.87)和式(3.67)，要使式(3.67)描述的系统能成为"三阶最佳"系统，其系统参数需满足

$$\begin{cases} \cfrac{K_v}{\omega_h} = \cfrac{1}{2\sqrt{2}} \approx 0.35 \\[3mm] \zeta_h = \cfrac{1}{\sqrt{2}} \approx 0.707 \end{cases} \tag{3.88}$$

由式(3.88)可知，"三阶最佳"系统要求系统的阻尼比为 0.707，但未经校正的实际系统的阻尼比一般为 0.1~0.3。因此，为了提高系统的阻尼比和性能，实际系统通常需要进行校正，以调整系统参数及其比例。

3.5　动力机构位置控制系统校正

3.5.1　动力机构位置控制系统反馈校正

由 3.4.2 节的分析可知，动力机构位置控制系统的性能受系统的开环增益、固有频率和阻尼比直接影响。可通过引入速度反馈和加速度反馈来优化系统参数，以进一步提高系统的性能。结合图 3.13，带速度反馈和加速度反馈的动力机构位置控制系统框图如图 3.14 所示。

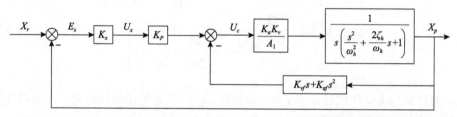

图 3.14　带速度反馈和加速度反馈的动力机构位置控制系统框图

通过框图化简，得到经速度反馈和加速度反馈后的动力机构位置控制系统开环传递函数为

$$W_H(s) = \cfrac{\cfrac{K_P K_v K_a K_x}{A_1 \left(1 + \cfrac{K_v K_a K_{vf}}{A_1}\right)}}{s\left[\cfrac{s^2}{\omega_h^2\left(1 + \cfrac{K_v K_a K_{vf}}{A_1}\right)} + \cfrac{\cfrac{K_v K_a K_{af}}{A_1} + \cfrac{2\zeta_h}{\omega_h}}{1 + \cfrac{K_v K_a K_{vf}}{A_1}}s + 1\right]} \tag{3.89}$$

式中，K_{vf} 为速度反馈系数；K_{af} 为加速度反馈系数。

若将式(3.89)化简成如式(3.67)所示形式，则有

$$W_H(s) = \frac{K_{vH}}{s\left(\cfrac{s^2}{\omega_H^2} + \cfrac{2\zeta_H}{\omega_H}s + 1\right)} \tag{3.90}$$

其中，

$$K_{vH} = \frac{K_v}{1 + \dfrac{K_v K_a K_{vf}}{A_1}} \tag{3.91}$$

$$\omega_H = \omega_h \sqrt{1 + \frac{K_v K_a K_{vf}}{A_1}} \tag{3.92}$$

$$\zeta_H = \frac{\zeta_h + \dfrac{K_v K_a K_{af}}{2A_1}\omega_h}{\sqrt{1 + \dfrac{K_v K_a K_{vf}}{A_1}}} \tag{3.93}$$

式中，K_{vH} 为校正后系统的开环增益/速度放大系数；ω_H 为校正后系统的固有频率；ζ_H 为校正后系统的阻尼比。

由式(3.91)～式(3.93)可知，与原动力机构位置控制系统相比，加速度反馈会提高系统的阻尼比；速度反馈会提高系统的固有频率，但是会降低系统的开环增益和阻尼。

因此，理论上可通过调整控制器增益 K_P、速度反馈系数 K_{vf} 和加速度反馈系数 K_{af}，使动力机构位置控制系统的系数具备相应数值及比例，以获得期望的系统性能。若经反馈校正，则系统参数满足

$$\begin{cases} \dfrac{K_{vH}}{\omega_H} = a_1 \\ \zeta_H = a_2 \end{cases} \tag{3.94}$$

式中，a_1 为经反馈校正后系统开环增益与液压固有频率的比值；a_2 为经反馈校正后系统的阻尼比。

由式(3.94)可知，若 $a_1 = 1/(2\sqrt{2})$，$a_2 = 1/\sqrt{2}$，则经反馈校正后的系统为"三阶最佳"系统。此时，系统的幅值裕度约为 12dB，相角裕度约为 60°，也就是说"三阶最佳"系统稳定。但是，"三阶最佳"系统的阻尼比较校正前提高较多，导致系统的相角滞后较大。

3.5.2　动力机构位置控制系统顺馈校正

为了尽量实现动力机构位置控制系统闭环幅值特性等于 1，以从理论上完全消除输入位置引起的误差，实现完全补偿，需在不改变系统阻尼比的情况下，增加系统的相角裕度。在上述反馈校正的基础上，进一步引入顺馈校正，结合图 3.14、式(3.89)和式(3.90)，可得包含反馈校正和顺馈校正的动力机构位置控制系统框

图，如图 3.15 所示。

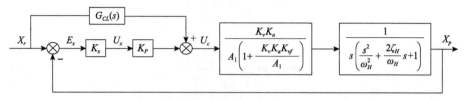

图 3.15 包含反馈校正和顺馈校正的动力机构位置控制系统框图

根据图 3.15，引入反馈校正和顺馈校正后，系统的闭环传递函数可表示为

$$G_d(s) = \frac{G_{CL} + K_x K_P}{\dfrac{K_x K_P}{K_{vH}}\left(\dfrac{s^3}{\omega_H^2} + \dfrac{2\zeta_H}{\omega_H}s^2 + s\right) + K_x K_P} \tag{3.95}$$

根据式 (3.95)，可计算引入反馈校正和顺馈校正后系统的误差传递函数为

$$E_d(s) = 1 - G_d(s) = \frac{\dfrac{K_x K_P}{K_{vH}}\left(\dfrac{s^3}{\omega_H^2} + \dfrac{2\zeta_H}{\omega_H}s^2 + s\right) - G_{CL}}{\dfrac{K_x K_P}{K_{vH}}\left(\dfrac{s^3}{\omega_H^2} + \dfrac{2\zeta_H}{\omega_H}s^2 + s\right) + K_x K_P} \tag{3.96}$$

要使得动力机构位置控制系统的闭环传递函数等于 1，也就是需要其误差传递函数等于零，即式 (3.96) 中的分子项为零，图 3.15 中的顺馈校正环节应满足

$$G_{CL}(s) = \frac{K_x K_P}{K_{vH}}\left(\frac{s^3}{\omega_H^2} + \frac{2\zeta_H}{\omega_H}s^2 + s\right) \tag{3.97}$$

若采用式 (3.97) 所示顺馈校正环节对图 3.15 进行补偿，则可实现系统的完全补偿，即系统闭环传递函数等于 1。然而实际系统是高阶非线性时变系统，所以此处所述的完全补偿为理论上的完全补偿，但上述校正方法在实际系统中是切实有效的。在式 (3.97) 的顺馈校正环节中，以实际中常用的速度顺馈校正和加速度顺馈校正对系统进行校正，则图 3.15 中的顺馈校正环节为

$$G_{CL}(s) = K_{as}s^2 + K_{vs}s \tag{3.98}$$

其中，

$$K_{as} = \frac{2K_x K_P \zeta_H}{K_{vH}\omega_H} \tag{3.99}$$

$$K_{vs} = \frac{K_x K_P}{K_{vH}} \tag{3.100}$$

综上所述，带速度反馈校正、加速度反馈校正、速度顺馈校正和加速度顺馈校正的动力机构位置控制系统框图如图 3.16 所示。

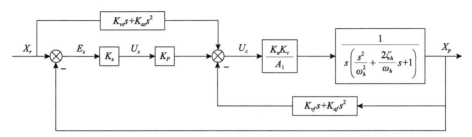

图 3.16 带速度反馈校正、加速度反馈校正、速度顺馈校正和加速度顺馈校正的动力机构位置控制系统框图

根据图 3.16 和式 (3.95) 及式 (3.98)～式 (3.100)，可计算经反馈校正和顺馈校正后的动力机构位置控制系统开环传递函数为

$$W_d(s) = \frac{\dfrac{2\zeta_H}{\omega_H}s^2 + s + K_{vH}}{s\left(\dfrac{s^2}{\omega_H^2} + \dfrac{2\zeta_H}{\omega_H}s + 1\right)} \tag{3.101}$$

相应的闭环传递函数为

$$G_d(s) = \frac{1 + \dfrac{1}{K_{vH}}\left(\dfrac{2\zeta_H}{\omega_H}s^2 + s\right)}{\dfrac{s^3}{K_{vH}\omega_H^2} + \dfrac{2\zeta_H}{K_{vH}\omega_H}s^2 + \dfrac{s}{K_{vH}} + 1} \tag{3.102}$$

由式 (3.101)、式 (3.102) 和式 (3.90)～式 (3.93) 可知，校正后的动力机构位置控制系统由控制器增益 K_P、速度反馈系数 K_{vf} 和加速度反馈系数 K_{af} 确定。

3.5.3 动力机构位置控制系统校正系数

由上述分析可知，动力机构位置控制系统的性能取决于控制器增益 K_P、速度反馈系数 K_{vf} 和加速度反馈系数 K_{af}，通过这三个参数可将系统理论校正成任意三阶系统。若反馈校正后系统满足式 (3.94)，则系统仅有两个约束，无法计算出校正系统的上述 3 个参数。也就是说，要想完成系统校正，还需确定一个约束条件。假设校正后动力机构的液压固有频率为原动力机构的 z 倍，即

$$\omega_H = z\omega_h \tag{3.103}$$

则根据式(3.68)、式(3.91)～式(3.94)，可计算控制器增益 K_P、速度反馈系数 K_{vf} 和加速度反馈系数 K_{af} 分别为

$$
\begin{cases}
K_P = \dfrac{z^3 a_1 A_1 \omega_h}{K_v K_a K_x} \\[2ex]
K_{vf} = \dfrac{A_1 \left(z^2 - 1 \right)}{K_v K_a} \\[2ex]
K_{af} = \dfrac{2z A_1 \left(a_2 - \dfrac{\zeta_h}{z} \right)}{K_v K_a \omega_h}
\end{cases}
\tag{3.104}
$$

根据式(3.71)和式(3.94)，若要保证系统稳定，则需满足

$$a_1 \leqslant \frac{2a_2}{10^{K_{gw}/20}} \tag{3.105}$$

在式(3.104)和式(3.105)中，a_1 的取值受校正后系统能达到的阻尼比 ζ_H 影响，当 ζ_H 等于或接近 $1/\sqrt{2}$ 时 a_1 可取 $1/2\sqrt{2}$，当 ζ_H 较小时 a_1 的取值也应该减小，若要减小系统的超调量，则应该选取较小的 a_1 值；a_2 的取值受传感器噪声的限制；z 的取值由系统中的最小频率决定，在伺服阀、伺服阀放大器和传感器等环节的转折频率中，伺服阀的频率最小。

令 $z = 2$，利用 MATLAB/Simulink 仿真软件辅助计算，获得校正前后动力机构位置控制系统伯德图，如图 3.17 所示，其中，K_P 表示未经校正的系统，$K_P + K_f$ 表示经反馈校正的系统，$K_P + K_f + K_s$ 表示经反馈校正和顺馈校正的系统。

由图 3.17 可以看出，顺馈校正主要是在大范围频率内保证幅值特性接近于 1，并且能大幅提升系统的相角，保证充足的相角裕度。从开环伯德图也可以看出，"三阶最佳"系统经过顺馈校正后依然稳定，即按照上述校正方法和步骤获得的系统有相对较好的性能。

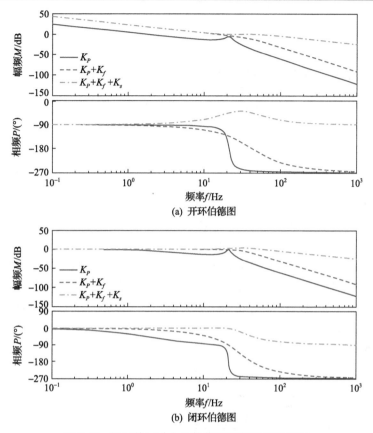

图 3.17　校正前后动力机构位置控制系统伯德图

3.6　本　章　小　结

本章主要针对普遍性阀控液压系统，通过计算动力机构最大输出功率，提出了系统有效压力，揭示了动力机构输出特性与系统有效压力之间的关系。推导了动力机构位置控制系统的典型数学模型，分析了其开环/闭环特性；根据稳定性条件，计算了增益控制参数，提出了一种确定反馈校正和顺馈校正参数的方法，获得了校正后系统的固有频率和闭环刚度，提高了系统的跟随性能；根据"三阶最佳"系统的参数特征，计算了动力机构位置控制系统的校正系数，并进一步计算了适应实际系统的校正系数。本章研究成果是四足机器人液压驱动系统校正方法的重要理论之一，可获得机器人动力机构位置控制系统的校正系数，并为后面的负载匹配提供理论基础。

第4章 四足机器人动力机构与四象限负载的轻量化匹配方法

4.1 引　言

轻量化动力机构最大输出力小于传统动力机构，表明其活塞面积更小，在某些方面的裕度减小(如承载能力)；但是，对于液压足式机器人，关节承载能力(裕度)并非越大越好，过大的承载能力对应较大的质量，会制约机器人性能潜力的发挥。因此，在负载匹配时需要综合考虑质量和性能，实现精确化负载匹配，以充分利用动力机构性能。然而，传统阀控液压系统的负载匹配方法不含轻量化匹配指标，难以挖掘质量与性能之间的制约关系，不利于四足机器人动力机构轻量化和精确四象限负载匹配。因此，结合机器人的轻量化需求，有必要研究一种动力机构与四象限负载的轻量化匹配方法。图4.1为本章主要内容关系图。

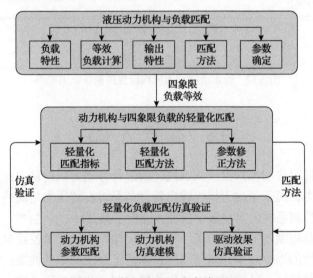

图 4.1　第 4 章主要内容关系图

本章将针对普遍性阀控液压系统(阀控非对称型动力机构且存在回油背压的液压系统)，阐述液压动力机构的负载特性，介绍等效负载的计算和负载匹配的基本原理；研究动力机构(即液压驱动单元，在负载匹配中习惯称为动力机构)四象限输出特性，并提出一种四象限负载等效方法，以简化四象限负载匹配；结合轻量化需求和动力机构的驱动需求，提出一种动力机构与四象限负载的轻量化匹配指标，设计相应的轻量化匹配方法，并针对轻量化匹配的动力机构参数，设计参数修正方法；以某一四象限负载为例，通过仿真验证轻量化匹配方法的有效性。

4.2　液压动力机构与负载匹配

液压动力机构要拖动负载运动，因此存在液压动力机构的输出特性与负载特性的配合问题，即负载匹配问题。在研究负载匹配之前，首先应该了解负载特性。

4.2.1　负载特性

负载是指液压执行元件运动时所遇到的各种阻力(或阻力矩)。负载的种类有惯性负载、黏性阻尼负载、弹性负载、摩擦负载和合成负载等。

负载力与负载速度之间的关系称为负载特性。以负载力为横坐标、以负载速度为纵坐标所画出的曲线称为负载轨迹，其方程即为负载轨迹方程。负载特性不仅与负载的类型有关，而且与负载的运动规律有关。当采用频率法设计系统时，可以认为输入信号是正弦信号，负载是正弦响应。下面介绍几种典型的负载特性。

1. 惯性负载特性

惯性负载力可表示为

$$F_1 = m\ddot{x} \tag{4.1}$$

设惯性负载的位移 x 为正弦运动，即

$$x = x_0 \sin(\omega t) \tag{4.2}$$

式中，x_0 为正弦运动的振幅；ω 为正弦运动的角频率。

那么，负载轨迹方程为

$$\dot{x} = x_0 \omega \cos(\omega t) \tag{4.3}$$

$$F_I = -m x_0 \omega^2 \sin(\omega t) \tag{4.4}$$

联立式(4.3)和式(4.4)可得

$$\left(\frac{\dot{x}}{x_0 \omega}\right)^2 + \left(\frac{F_I}{x_0 m \omega^2}\right)^2 = 1 \tag{4.5}$$

负载轨迹为一个正椭圆，惯性负载轨迹如图 4.2 所示。其中，最大负载速度

$\dot{x}_{\max} = x_0 \omega$，与 ω 成正比，最大负载力 $F_{I\max} = m x_0 \omega^2$，与 ω^2 成正比，故 ω 增加时椭圆横轴增加的速度比纵轴快。由于惯性力随速度的增大而减小，所以负载轨迹点的旋转方向是逆时针方向。

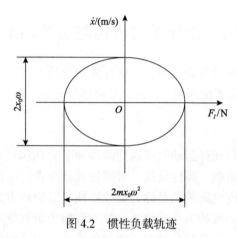

图 4.2　惯性负载轨迹

2. 黏性阻尼负载特性

黏性阻尼力为

$$F_v = B\dot{x} \tag{4.6}$$

设负载的位移为 $x = x_0 \sin(\omega t)$，则可得负载轨迹方程为

$$\dot{x} = x_0 \omega \cos(\omega t) \tag{4.7}$$

$$F_v = B x_0 \omega \cos(\omega t) \tag{4.8}$$

或写成

$$\dot{x} = \frac{F_v}{B} \tag{4.9}$$

负载轨迹为一直线，黏性阻尼负载轨迹如图 4.3 所示。其斜率为 $\tan \alpha = \dfrac{1}{B}$，与频率无关。

3. 弹性负载特性

弹性负载力为

$$F_p = Kx \tag{4.10}$$

设 $x = x_0 \sin(\omega t)$，则负载轨迹方程为

$$\dot{x} = x_0 \omega \cos(\omega t) \tag{4.11}$$

$$F_p = K x_0 \sin(\omega t) \tag{4.12}$$

或写成

$$\left(\frac{F_p}{K x_0}\right)^2 + \left(\frac{\dot{x}}{x_0 \omega}\right)^2 = 1 \tag{4.13}$$

负载轨迹也是一个正椭圆，弹性负载轨迹如图 4.4 所示。其中，最大负载力 $F_{p\max} = K x_0$，与 ω 无关，而最大负载速度 $\dot{x}_{\max} = x_0 \omega$，与 ω 成正比，故 ω 增加时椭圆横轴不变，纵轴与 ω 成比例增加。当弹簧变形速度减小时，弹簧力增大，因此弹性负载轨迹上的点是顺时针变化的。

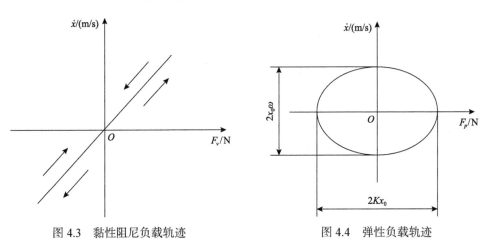

图 4.3　黏性阻尼负载轨迹　　　　　图 4.4　弹性负载轨迹

4. 摩擦负载特性

摩擦力包括静摩擦力和动摩擦力两部分，其相应的负载轨迹表示在图 4.5 中。静摩擦力与动摩擦力之和为干摩擦力。当静摩擦力与动摩擦力近似相等时，干摩擦力称为库仑摩擦力。

5. 合成负载特性

实际系统的负载常常是上述若干负载的组合，如惯性负载、黏性阻尼负载和弹性负载组合。此时，负载力为

$$F_t = m\ddot{x} + B\dot{x} + Kx \tag{4.14}$$

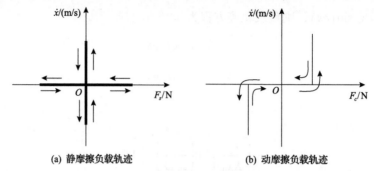

(a) 静摩擦负载轨迹　　　　　　　　(b) 动摩擦负载轨迹

图 4.5　摩擦负载轨迹

设负载位移 $x = x_0 \sin(\omega t)$，则负载轨迹为

$$\dot{x} = x_0 \omega \cos(\omega t) \tag{4.15}$$

$$F_t = \left(K - m\omega^2\right) x_0 \sin(\omega t) + B x_0 \cos(\omega t) \tag{4.16}$$

联立式(4.15)和式(4.16)可得

$$\left[\frac{F_t - B\dot{x}}{\left(K - m\omega^2\right)x_0}\right]^2 + \left(\frac{\dot{x}}{x_0\omega}\right)^2 = 1 \tag{4.17}$$

这是一个斜椭圆方程，惯性负载、黏性阻尼负载和弹性负载组合轨迹如图 4.6 所示。椭圆轴线与横轴的夹角为

$$\alpha = \frac{1}{2}\arctan\left[\frac{2B}{B^2 - \frac{1}{\omega^2}\left(K - m\omega^2\right)^2 - 1}\right] \tag{4.18}$$

由式(4.18)可得

$$F_t = x_0\sqrt{\left(K - m\omega^2\right)^2 + B^2\omega^2}\,\sin(\omega t + \varphi) \tag{4.19}$$

则有

$$F_{t\max} = x_0\sqrt{\left(K - m\omega^2\right)^2 + B^2\omega^2} \tag{4.20}$$

其中，

$$\varphi = \arctan\left(\frac{B\omega}{K - m\omega^2}\right) \tag{4.21}$$

对于惯性负载加弹性负载或惯性负载加黏性阻尼负载的情况，负载轨迹方程可由式(4.20)简化得到。

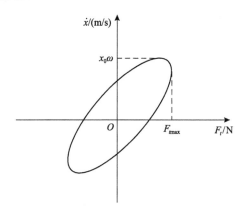

图 4.6　惯性负载、黏性阻尼负载和弹性负载组合轨迹

对惯性负载、弹性负载、黏性阻尼负载或由它们组合而成的负载，随着频率的增加负载轨迹范围扩大，在设计时应考虑最大工作频率时的负载轨迹。

当存在外干扰力或负载运动规律不是正弦形式时，负载轨迹就变得复杂，有时只知道部分工况点的情况。在负载轨迹上，对设计最有用的工况点是：最大功率时功率点、最大速度时功率点和最大负载力时功率点。一般对功率的要求最难满足，因此也是最重要的要求。

4.2.2　等效负载的计算

液压执行元件有时通过机械传动装置与负载相连，如齿轮传动装置、滚珠丝杠等。为了分析计算方便，需要将负载惯量、负载阻尼、负载刚度等折算到液压执行元件的输出端，或者将液压执行元件的惯量、阻尼等折算到负载端。如果还要考虑结构柔度的影响，则其负载模量为二自由度系统或多自由度系统。

负载的简化模型如图 4.7 所示。图 4.7(a)为液压马达负载原理图。图中用惯量为 J_m 的液压马达驱动惯量为 J_L 的负载，两者之间的齿轮传动比为 i，轴 1(液压马达轴)的刚度为 K_{s1}，轴 2(负载轴)的刚度为 K_{s2}。假设齿轮是绝对刚性的，则齿轮的惯量和游隙为零。

如图 4.7(a)所示的系统可简化成如图 4.7(c)所示的等效系统。其方法如下。

第一步简化是将挠性轴变换成绝对刚性轴，并用改变轴 1 的刚度来等效原系统，如图 4.7(b)所示。此时，轴 1 的黏性阻尼系数 $B_m=0$。在图 4.7(a)中，首先把惯量 J_L 刚性地固定起来，并对惯量 J_m 施加一个力矩 T_m，由此在轴 2 齿轮上产生一个偏转角 iT_m/K_{s2}。轴 2 齿轮的转动使轴 1 齿轮转过角度 i^2T_m/K_{s2}。在力矩 T_m

作用下，轴 1 转过角度 T_m/K_{s1}，则惯量 J_m 的总偏角为 $T_m\left(\dfrac{1}{K_{s1}}+\dfrac{i^2}{K_{s2}}\right)$。由此得出，对轴 1 系统的等效刚度为 K_{se}，有

$$\frac{1}{K_{se}}=\frac{1}{K_{s1}}+\frac{i^2}{K_{s2}} \tag{4.22}$$

刚度的倒数为柔度，因此系统的总柔度等于轴 1 的柔度加轴 2 的柔度与传动比的平方的乘积。

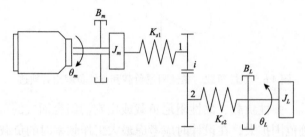

(a) 液压马达负载原理图

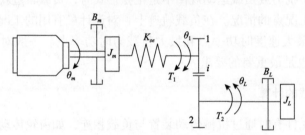

(b) 第一步简化

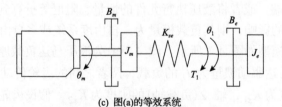

(c) 图(a)的等效系统

图 4.7　负载的简化模型

第二步简化是将轴 2 上的负载惯量 J_L 和黏性阻尼系数 B_L 折算到轴 1 上。假设 J_L 折算到轴 1 上的等效惯量为 J_e，B_L 折算到轴 1 上的等效黏性阻尼系数为 B_e，则由图 4.7(b) 和图 4.7(c) 可写出以下两个方程，即

$$T_1=J_e\ddot{\theta}_1+B_e\dot{\theta}_1 \tag{4.23}$$

$$T_2 = J_L \ddot{\theta}_L + B_L \dot{\theta}_L \tag{4.24}$$

式中，T_1 为液压马达作用在轴 1 上的力矩；T_2 为齿轮 1 作用在轴 2 上的力矩；θ_1 为轴 1 的转角；θ_L 为轴 2 的转角。

考虑到 $T_2 = iT_1$，$\theta_1 = i\theta_L$，由式(4.24)得到

$$T_1 = \frac{J_L}{i^2} \ddot{\theta}_1 + \frac{B_L}{i^2} \dot{\theta}_1 \tag{4.25}$$

将式(4.23)与式(4.24)进行比较，可得

$$J_e = \frac{J_L}{i^2} \tag{4.26}$$

$$B_e = \frac{B_L}{i^2} \tag{4.27}$$

根据以上分析可得出如下结论：当将系统的一部分惯量、黏性阻尼系数和刚度折算到 i 倍转数的另一部分时，只需将它们除以 i^2 即可；相反地，将惯量、黏性阻尼系数和刚度折算到 $1/i$ 倍转数的另一部分时，只需将它们乘以 i^2 即可。

4.2.3　液压动力机构的输出特性

液压动力机构的输出特性是在稳态情况下，执行元件的输出速度、输出力和阀的输入位移三者之间的关系，可由阀的压力-流量特性变换得到。将阀的负载流量除以液压缸面积(或液压马达排量)、负载压力乘以液压缸面积(或液压马达排量)，就可以得到液压动力机构的输出特性，如图 4.8 所示。

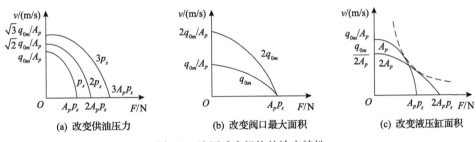

图 4.8　液压动力机构的输出特性

由图可知：

(1)提高供油压力，使整个抛物线右移，输出功率增大，如图 4.8(a)所示。

(2)增大阀口最大面积，使抛物线变宽，但顶点不动，输出功率增大，如图 4.8(b)所示。

(3)增加液压缸面积，使抛物线顶点右移，同时使抛物线变窄，但最大输出功

率不变，如图 4.8(c)所示。

这样，可以调整 p_s、$Wx_{v\max}$、A_p 三个参数，使之与负载匹配。

4.2.4 负载匹配方法

以某电液控制系统负载特性为例，绘制负载轨迹(为方便理解，仅讨论第一象限)，如图 4.9(a)所示。使动力元件的输出特性曲线完全包围负载轨迹，同时使输出特性曲线与负载轨迹之间的区域尽可能小，但可认为动力元件与负载相匹配。如果动力元件的输出特性曲线包围负载轨迹，且动力元件的最大功率点与负载的最大功率点重合，则认为动力元件与负载是最佳匹配。

按照上述原则,有不同动力元件参数的三条负载匹配曲线 1、2、3,如图 4.9(b)所示，均包围了负载轨迹，因此均可拖动负载。其中，负载匹配曲线 1 的最大输出功率点与负载的最大功率点重合，输出功率得到了充分利用，满足最佳匹配的条件；负载匹配曲线 2 相对于负载匹配曲线 1 具有较大的出力和较低的速度，表明负载匹配曲线 2 对应的液压缸活塞面积较大，控制阀相对较小，动力元件的速度刚度更大，抗负载干扰能力更强，但增大了执行元件的体积和质量；负载匹配曲线 3 相对于负载匹配曲线 1 具有较小的出力和较高的速度，表明负载匹配曲线 3 对应的液压缸活塞面积较小，控制阀相对较大，动力元件的速度刚度变小，抗负载干扰能力变差，但可以在一定程度上减小执行元件的体积和质量。

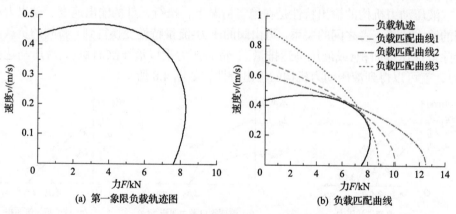

(a) 第一象限负载轨迹图　　　　(b) 负载匹配曲线

图 4.9　第一象限负载轨迹与负载匹配

在无特殊要求的情况下，负载匹配曲线 1 是动力元件最为合适的输出特性曲线。在进行动力元件参数计算时，找出负载最大功率点对应的驱动力 F_L^*，则执行元件的有效面积为

$$A_p = \frac{3F_L^*}{2p_s} \tag{4.28}$$

找出负载的最大功率点对应的速度 v_L^*，则伺服阀在供油压力 p_s 下的最大空载流量为

$$q_{0m} = \sqrt{3} A_p v_L^* \tag{4.29}$$

对于负载轨迹，可采用系统动态特性仿真方法，通过仿真得到系统运动过程中负载力的实时曲线和负载速度的实时曲线，以负载力为横轴、以负载速度为纵轴绘制负载功率实时曲线，可得到最大负载功率点及对应的驱动力和速度。

采用此方法确定的执行元件参数和电液伺服阀空载流量的系统，效率较高。因此，该方法适用于较大功率的电液控制系统，也适用于对装机功率和系统效率要求苛刻的电液控制系统。

4.2.5 工程近似计算

考虑到负载轨迹与动力元件的输出特性曲线绘制比较麻烦，特别是负载轨迹大多数为非规则曲线，又包含四象限特性，难以精确绘制，工程上也可用近似方法进行动力元件的计算。

若认为惯性负载、黏性负载、弹性负载、摩擦力和外负载力等各类负载同时存在，且均取最大值，将上述负载取和，则得到最大负载力 $F_{L\max}$。将供油压力 p_s 分解为 $2p_s/3$ 和 $p_s/3$ 两部分，认为 $2p_s/3$ 作用于执行元件，以产生驱动负载的力，$p_s/3$ 用于提供伺服阀阀口压降，以产生驱动负载的流量，则执行元件的有效面积可用 $A_p = 3F_{L\max}/(2p_s)$ 计算得出。这种计算方法偏于保守，计算出的活塞面积也偏大。

若最大负载力 $F_{L\max}$ 与最大负载速度 $v_{\max}$ 同时存在，此时，只有 $p_s/3$ 用于提供伺服阀的压降，根据阀口流量方程，伺服阀在供油压力 p_s 下的空载流量可用 $q_{0m} = \sqrt{3} A_p v_{\max}$ 计算得出。一般而言，最大负载力与最大负载速度不会同时存在，负载最大功率点也不一定是最大负载力和最大负载速度点，将有大于 $p_s/3$ 的压力用于提供伺服阀的压降，伺服阀在供油压力 p_s 下真实需要的空载流量 q_{0m} 将小于 $\sqrt{3} A_p v_{\max}$。因此，这种计算方法同样偏于保守，计算出的伺服阀空载流量也偏大。

4.2.6 固有频率计算

当负载力很小且有很高频率响应要求时，可按液压固有频率来确定执行元件的有效面积。液压缸活塞面积为

$$A_p = \sqrt{\frac{V_t m_t}{4\beta_e}} \omega_h \tag{4.30}$$

液压固有频率可按照系统所要求频宽的 5～10 倍来确定。按液压固有频率确

定的执行元件有效面积和体积偏大，系统功率储备也较大。

4.2.7　根据负载最佳匹配确定液压动力机构的参数

对某些比较简单的负载轨迹(如前面介绍的各种典型的负载轨迹)，可以利用负载最佳匹配原则，采用解析法确定液压动力机构的参数。在阀最大功率点有

$$F_L^* = \frac{2}{3} A_p p_s \tag{4.31}$$

$$v_L^* = \frac{q_{0m}}{\sqrt{3} A_p} \tag{4.32}$$

式中，F_L^* 为最大功率点的驱动力；v_L^* 为最大功率点的负载速度；q_{0m} 为阀的最大空载流量。

在供油压力选定的情况下，可由式(4.31)求出液压缸活塞面积为

$$A_p = \frac{3}{2} \frac{F_L^*}{p_s} \tag{4.33}$$

由式(4.32)求出阀的最大空载流量为

$$q_{0m} = \sqrt{3} v_L^* A_p \tag{4.34}$$

通常必须将阀的最大空载流量适当加大，以补偿泄漏，改善系统的控制性能，并为负载分析中的考虑不周之处留有余地。

对一些典型负载，可用解析法求出最大功率点的负载力 F_L^* 和负载速度 v_L^*。

4.3　四象限负载等效方法

在实际情况下，负载通常为四象限负载，要满足动力机构对四象限负载的驱动需求，即动力机构四象限输出特性曲线能完全包络四象限负载轨迹。若能将四象限负载进行等效，则可简化动力机构与四象限负载的匹配。若不考虑方向，根据式(3.34)，则四象限负载工况 1 特性点 $m_1(F_1, v_1)$、工况 2 特性点 $m_2(F_2, v_2)$、工况 3 特性点 $m_3(F_3, v_3)$ 和工况 4 特性点 $m_4(F_4, v_4)$ 出力满足

$$\begin{cases} F_1 = |p_{L1}| A_1 = |k_1| p_{n1} A_1 \\ F_2 = |p_{L2}| A_1 = |k_2| p_{n1} A_1 \\ F_3 = |p_{L3}| A_1 = |k_3| p_{n2} A_1 \\ F_4 = |p_{L4}| A_1 = |k_4| p_{n2} A_1 \end{cases} \tag{4.35}$$

式中，p_{L1} 为工况 1 时负载压力；p_{L2} 为工况 2 时负载压力；p_{L3} 为工况 3 时负载压力；p_{L4} 为工况 4 时负载压力；p_{n1} 为 $v \geqslant 0$ 时系统有效压力；p_{n2} 为 $v < 0$ 时系统有效压力；k_1 为工况 1 时负载压力与系统有效压力的比值；k_2 为工况 2 时负载压力与系统有效压力的比值；k_3 为工况 3 时负载压力与系统有效压力的比值；k_4 为工况 4 时负载压力与系统有效压力的比值。

四象限负载工况特性点速度满足

$$\begin{cases} v_1 = \dfrac{C_d A_v}{A_1} \sqrt{\dfrac{2(p_{n1} - |p_{L1}|)}{\rho(1 + n^3)}} = \dfrac{C_d A_v}{A_1} \sqrt{\dfrac{2(1 - |k_1|)p_{n1}}{\rho(1 + n^3)}} \\[3mm] v_2 = \dfrac{C_d A_v}{A_1} \sqrt{\dfrac{2(p_{n1} + |p_{L2}|)}{\rho(1 + n^3)}} = \dfrac{C_d A_v}{A_1} \sqrt{\dfrac{2(1 + |k_2|)p_{n1}}{\rho(1 + n^3)}} \\[3mm] v_3 = \dfrac{C_d A_v}{A_1} \sqrt{\dfrac{2(p_{n2} - |p_{L3}|)}{\rho(1 + n^3)}} = \dfrac{C_d A_v}{A_1} \sqrt{\dfrac{2(1 - |k_3|)p_{n2}}{\rho(1 + n^3)}} \\[3mm] v_4 = \dfrac{C_d A_v}{A_1} \sqrt{\dfrac{2(p_{n2} + |p_{L4}|)}{\rho(1 + n^3)}} = \dfrac{C_d A_v}{A_1} \sqrt{\dfrac{2(1 + |k_4|)p_{n2}}{\rho(1 + n^3)}} \end{cases} \tag{4.36}$$

在工况 1 和工况 3 时，动力机构做正功；在工况 2 和工况 4 时，动力机构做负功。动力机构能在工况 1 驱动 $m_1(F_1, v_1)$，若其恰好能在工况 3 驱动 $m_3(F_3, v_3)$，则表明 $m_1(F_1, v_1)$ 和 $m_3(F_3, v_3)$ 等效，即可通过动力机构是否能驱动 $m_1(F_1, v_1)$ 来判断动力机构是否能驱动 $m_3(F_3, v_3)$。

负载压力与系统有效压力的比值 k 是描述负载特性的系数，在工况 1 和工况 3 时，k 增大，负载力增大，负载速度减小；当 $k_1 = k_3 = 0$ 时，工况 1 和工况 3 的负载力为零；当 $k_1 = k_3 = 2/3$ 时，工况 1 和工况 3 负载点对应的动力机构输出功率均为最大；当 $k_1 = k_3 = 1$ 时，工况 1 和工况 3 的负载速度为零。同理，在工况 2 和工况 4 也存在类似的对应关系。据此关系，在工况 1 和工况 3、工况 2 和工况 4 等效过程中，令 $k_1 = k_3$ 和 $k_2 = k_4$，则特性点出力的等效关系为

$$\begin{cases} \dfrac{F_1}{F_3} = \dfrac{|k_1| p_{n1} A_1}{|k_3| p_{n2} A_1} = \dfrac{p_{n1}}{p_{n2}} \\[3mm] \dfrac{F_2}{F_4} = \dfrac{|k_2| p_{n1} A_1}{|k_4| p_{n2} A_1} = \dfrac{p_{n1}}{p_{n2}} \end{cases} \tag{4.37}$$

特性点速度的等效关系为

$$\begin{cases} \dfrac{v_1}{v_3} = \dfrac{\dfrac{C_d A_v}{A_1}\sqrt{\dfrac{2(1-|k_1|)p_{n1}}{\rho(1+n^3)}}}{\dfrac{C_d A_v}{A_1}\sqrt{\dfrac{2(1-|k_3|)p_{n2}}{\rho(1+n^3)}}} = \sqrt{\dfrac{p_{n1}}{p_{n2}}} \\[30pt] \dfrac{v_2}{v_4} = \dfrac{\dfrac{C_d A_v}{A_1}\sqrt{\dfrac{2(1+|k_2|)p_{n1}}{\rho(1+n^3)}}}{\dfrac{C_d A_v}{A_1}\sqrt{\dfrac{2(1+|k_4|)p_{n2}}{\rho(1+n^3)}}} = \sqrt{\dfrac{p_{n1}}{p_{n2}}} \end{cases} \quad (4.38)$$

根据式(4.37)和式(4.38)，特性点功率的等效关系为

$$\begin{cases} \dfrac{N_1}{N_3} = \dfrac{F_1 v_1}{F_3 v_3} = \left(\dfrac{p_{n1}}{p_{n2}}\right)^{3/2} \\[16pt] \dfrac{N_2}{N_4} = \dfrac{F_2 v_2}{F_4 v_4} = \left(\dfrac{p_{n1}}{p_{n2}}\right)^{3/2} \end{cases} \quad (4.39)$$

根据式(4.37)和式(4.38)，可将四象限负载进行等效，并可将情况 2 等效至情况 1，具体为：工况 3 可等效至工况 1，工况 4 可等效至工况 2。某四象限负载轨迹等效及其与动力机构匹配过程如图 4.10 所示。

图 4.10(a)为某四象限负载轨迹，按式(4.37)和式(4.38)对其进行等效，得到等效后负载轨迹如图 4.10(b)所示；根据等效后负载轨迹进行负载匹配，得到相应的动力机构参数，动力机构输出特性曲线如图 4.10(c)所示；根据动力机构参数画出其四象限输出特性曲线，如图 4.10(d)所示。

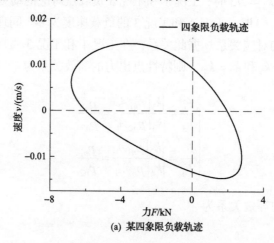

(a) 某四象限负载轨迹

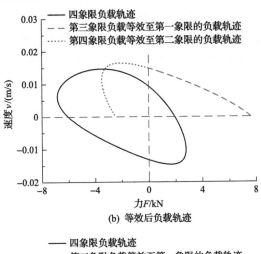

(b) 等效后负载轨迹

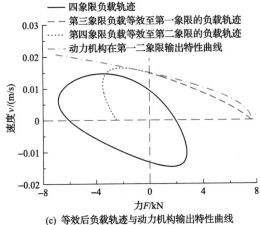

(c) 等效后负载轨迹与动力机构输出特性曲线

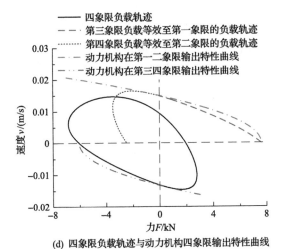

(d) 四象限负载轨迹与动力机构四象限输出特性曲线

图 4.10　某四象限负载轨迹等效及其与动力机构匹配过程

由上述分析可知，通过式(4.37)和式(4.38)对四象限负载进行等效后，再对等效后的负载轨迹进行负载匹配，获得的动力机构四象限输出特性曲线能完全包络负载轨迹，即该动力机构具备驱动相应四象限负载的能力。

4.4　动力机构与四象限负载的轻量化匹配

4.4.1　动力机构与四象限负载的轻量化匹配指标

由3.4节和3.5节可知，可通过系统校正提升动力机构位置控制系统的性能。通过传统负载匹配方法计算得到的动力机构，虽能满足基本的驱动负载需求，但是由于在匹配过程中考虑的因素单一，未能考虑系统校正后的性能，匹配获得的动力机构往往裕度、质量过大，造成了性能浪费。

针对动力机构与负载的轻量化匹配，本节提出动力机构最大需求功率，以表征动力机构的质量。动力机构在驱动全周期工况负载的过程中，需要的最大功率定义为动力机构最大需求功率，具体表达式为

$$P_{mP} = \max\left(P_{mP1}, P_{mP3}\right) \tag{4.40}$$

其中，

$$\begin{cases} P_{mP1} = p_s A_1 \max(v_L), & v_L \geqslant 0 \\ P_{mP3} = n p_s A_1 \left|\min(v_L)\right|, & v_L < 0 \end{cases} \tag{4.41}$$

式中，v_L 为负载速度。

由式(4.41)可知，对于恒压源，系统压力不变，此时动力机构最大需求功率与动力机构的液压缸面积和最大负载速度正相关。

根据上述分析，本节以动力机构最大需求功率 P_{mP} 来表征动力机构质量，以系统校正后的固有频率 ω_H 和闭环刚度 K_{BM} 来表征系统性能，提出动力机构与负载的轻量化匹配指标为

$$J_f = \alpha_f P_{mP} + \beta_f \omega_H + \gamma_f K_{BM} \tag{4.42}$$

其中，

$$\alpha_f + \beta_f + \gamma_f = 1 \tag{4.43}$$

式中，α_f 为与动力机构最大需求功率相关的系数；β_f 为与校正后动力机构位置

控制系统固有频率相关的系数；γ_f 为与动力机构位置闭环控制系统最小刚度相关的系数。

在式 (4.42) 中，若增大 α_f，减小 β_f 和 γ_f，则匹配的动力机构质量减小，系统性能变好；指标系数的确定，还需综合考虑负载轨迹、动力机构质量需求、控制性能需求。

4.4.2 动力机构与四象限负载的轻量化匹配方法

基于上述推导和理论，本节提出动力机构与四象限负载的轻量化匹配方法，如图 4.11 所示。

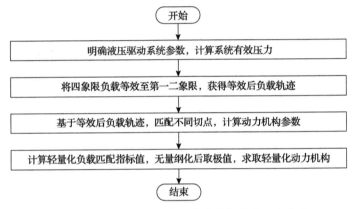

图 4.11 动力机构与四象限负载的轻量化匹配方法

具体可分为以下 4 步。

步骤 1：明确液压驱动系统基本参数 (如系统压力 p_s、回油背压 p_0、动力机构液压缸面积比 n)，并根据式 (3.33) 确定系统有效压力 p_n。

步骤 2：根据 4.3 节，将四象限负载中的第三象限负载等效至第一象限，将第四象限负载等效至第二象限，得到等效后的第一二象限负载轨迹为

$$\begin{cases} F_{LE} = f(t) \\ v_{LE} = v(t) \end{cases} \tag{4.44}$$

式中，F_{LE} 为等效后第一二象限负载力；v_{LE} 为等效后第一二象限负载速度；$f(t)$ 为 F_{LE} 关于时间 t 的函数；$v(t)$ 为 v_{LE} 关于时间 t 的函数。

步骤 3：在匹配的不同切点，计算动力机构参数。

假设动力机构输出特性曲线与负载轨迹在 c 点相切，且该时间为 t_1，则在该点的动力机构需满足的条件为

$$\begin{cases} F = f(t_1) \\ v = v(t_1) \\ \dfrac{\mathrm{d}F}{\mathrm{d}v^2} = \dfrac{\mathrm{d}f(t)}{\mathrm{d}v^2(t)}\bigg|_{t=t_1} \end{cases} \tag{4.45}$$

根据式(3.24)、式(3.28)和式(3.40)，式(4.45)可表示为

$$\begin{cases} p_L A_1 = f(t_1) \\ \dfrac{q_1}{A_1} = v(t_1) \\ -\dfrac{\rho A_1^3 (1+n^3)}{2C_d^2 A_v^2} = \dfrac{\mathrm{d}f(t)}{\mathrm{d}v^2(t)}\bigg|_{t=t_1} \end{cases} \tag{4.46}$$

其中，

$$p_L = k p_n \tag{4.47}$$

根据式(4.46)和式(4.47)，计算动力机构参数及负载压力系数为

$$\begin{cases} A_1 = \dfrac{f(t_1) - v^2(t_1)\dfrac{\mathrm{d}f(t)}{\mathrm{d}v^2(t)}\big|_{t=t_1}}{p_n} \\ A_v = \dfrac{\rho(1+n^3)\left[f(t_1) - v^2(t_1)\dfrac{\mathrm{d}f(t)}{\mathrm{d}v^2(t)}\big|_{t=t_1}\right]^{3/2}\sqrt{\dfrac{-p_n\dfrac{\mathrm{d}f(t)}{\mathrm{d}v^2(t)}\big|_{t=t_1}}{\rho(n+1)(n^2-n+1)}}}{-\sqrt{2}C_d p_n^2 \dfrac{\mathrm{d}f(t)}{\mathrm{d}v^2(t)}\big|_{t=t_1}} \\ k = \dfrac{f(t_1)}{f(t_1) - v^2(t_1)\dfrac{\mathrm{d}f(t)}{\mathrm{d}v^2(t)}\big|_{t=t_1}} \end{cases} \tag{4.48}$$

步骤 4：将轻量化指标无量纲化，并对其取最大值，计算轻量化的动力机构参数。

根据式(4.48)，计算满足驱动负载的不同动力机构参数，共选取 i 个不同切点，且第 j 个切点的动力机构最大需求功率、校正后系统固有频率和闭环系统最小刚度为

$$P_{mPj}, \omega_{Hj}, K_{BMj}, \quad j = 1, 2, \cdots, i \tag{4.49}$$

综合考虑 i 个动力机构最大需求功率、校正后系统固有频率和闭环系统最小刚度，并将其分别无量纲化到 0~100 范围内，即

$$\begin{cases} P_{mPj} = -\Big[P_{mPj} - \min(P_{mPj}) \Big] \dfrac{100}{\max(P_{mPj}) - \min(P_{mPj})} + 100 \\[3mm] \omega_{Hj} = \Big[\omega_{Hj} - \min(\omega_{Hj}) \Big] \dfrac{100}{\max(\omega_{Hj}) - \min(\omega_{Hj})} \\[3mm] K_{BMj} = \Big[K_{BMj} - \min(K_{BMj}) \Big] \dfrac{100}{\max(K_{BMj}) - \min(K_{BMj})} \end{cases}, \quad j = 1, 2, \cdots, i \tag{4.50}$$

根据式(4.42)、式(4.43)和式(4.50)，计算不同动力机构的轻量化指标值为

$$J_{fj} = \alpha_f P_{mPj} + \beta_f \omega_{Hj} + \gamma_f K_{BMj}, \quad j = 1, 2, \cdots, i \tag{4.51}$$

对式(4.51)取最大值，可得

$$J_{f\text{opt}} = \max(J_{fj}), \quad j = 1, 2, \cdots, i \tag{4.52}$$

根据式(4.52)，$J_{f\text{opt}}$ 对应的动力机构即为满足负载驱动需求的轻量化动力机构。根据式(4.48)，$J_{f\text{opt}}$ 对应的动力机构参数为

$$\begin{cases} A_{1\text{opt}} = \dfrac{f(t_{\text{opt}}) - v^2(t_{\text{opt}}) \dfrac{df(t)}{dv^2(t)}\Big|_{t=\text{opt}}}{p_n} \\[5mm] A_{v\text{opt}} = \dfrac{\rho(1+n^3)\left[f(t_{\text{opt}}) - v^2(t_{\text{opt}}) \dfrac{df(t)}{dv^2(t)}\Big|_{t=\text{opt}} \right]^{3/2} \sqrt{\dfrac{-p_n \dfrac{df(t)}{dv^2(t)}\Big|_{t=\text{opt}}}{\rho(n+1)(n^2-n+1)}}}{-\sqrt{2}C_d p_n^2 \dfrac{df(t)}{dv^2(t)}\Big|_{t=\text{opt}}} \\[5mm] k_{\text{opt}} = \dfrac{f(t_{\text{opt}})}{f(t_{\text{opt}}) - v^2(t_{\text{opt}}) \dfrac{df(t)}{dv^2(t)}\Big|_{t=\text{opt}}} \end{cases} \tag{4.53}$$

通过上述步骤计算轻量化动力机构参数，在选取动力机构输出特性曲线与负

载轨迹曲线相切点 c 时，其一般是从等效后负载轨迹的最大速度点至最大力点范围内进行选取。

4.4.3　等速度平方刚度的动力机构参数修正方法

根据负载轨迹和性能需求，可以准确地匹配出动力机构参数。但该方法计算的动力机构参数通常不是整数，难以直接用于采购伺服阀或设计动力机构液压缸，需要对匹配获得的动力机构参数进行修正。然而，若参数修正不合适，则很有可能导致动力机构的速度减小，使得修正后的动力机构输出特性曲线与负载轨迹相交，而不能完全包络负载轨迹。某动力机构参数修正前后的输出特性曲线与负载轨迹如图 4.12 所示。由图可知，负载匹配后的动力机构输出特性曲线能完全包络负载轨迹，直接增大液压缸面积，或在增大液压缸面积时伺服阀通油面积选取不合适，均会导致参数修正后的动力机构输出特性曲线不能完全包络负载轨迹，表

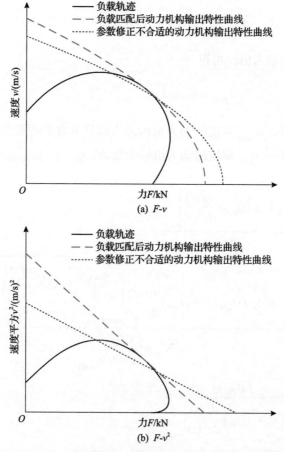

(a) $F\text{-}v$

(b) $F\text{-}v^2$

图 4.12　某动力机构参数修正前后的输出特性曲线与负载轨迹

明参数修正不合适。

为了避免上述情况,本节提出等速度平方刚度的动力机构参数修正方法。如图 4.12(b)所示,若液压缸面积修正后,动力机构输出特性曲线的斜率与参数修正前相同,则该动力机构输出特性曲线一定能包络负载轨迹。等速度平方刚度的动力机构参数修正方法如下:首先对液压缸面积进行修正,然后在保证参数修正前后动力机构速度平方刚度不变的基础上,进一步修正伺服阀通油面积。

根据式(3.40)和式(4.53),计算动力机构输出特性曲线的斜率(其为动力机构速度平方刚度的倒数):

$$\left|\frac{\mathrm{d}v^2}{\mathrm{d}F}\right|_{\mathrm{opt}} = \frac{2C_d^2 A_{v\mathrm{opt}}^2}{\rho A_{1\mathrm{opt}}^3 (1+n^3)} \tag{4.54}$$

在实际中,通常需要的是液压缸活塞直径和伺服阀空载流量,以方便加工液压缸和选取合适的伺服阀。因此,修正液压缸面积实际上是修正液压缸活塞直径,修正伺服阀通油面积实际上是修正其空载流量参数。

根据式(4.53),计算未修正的动力机构液压缸活塞直径为

$$D_{\mathrm{opt}} = 2\sqrt{\frac{A_{1\mathrm{opt}}}{\pi}} \tag{4.55}$$

若 D_{opt} 修正后为 $D_{\mathrm{opt}R}$,则参数修正后的动力机构液压缸活塞面积为

$$A_{1\mathrm{opt}R} = \pi\left(\frac{D_{\mathrm{opt}R}}{2}\right)^2 \tag{4.56}$$

根据等速度平方刚度的动力机构参数修正原则,结合式(4.55),计算伺服阀的通油面积需满足

$$A_{v\mathrm{opt}R} = A_{v\mathrm{opt}}\left(\frac{A_{1\mathrm{opt}R}}{A_{1\mathrm{opt}}}\right)^{3/2} \tag{4.57}$$

式中, $A_{v\mathrm{opt}R}$ 为修正液压缸活塞直径后的伺服阀通油面积。

根据式(4.57),可进一步计算伺服阀空载流量为

$$q_0 = C_d A_{v\mathrm{opt}R}\sqrt{\frac{p_c}{\rho}} \tag{4.58}$$

式中, p_c 为伺服阀空载流量对应的测试系统压力,通常为 21MPa。

在图 4.12 的基础上，采用等速度平方刚度的动力机构参数修正方法，可获得采用等速度平方刚度参数修正方法前后的动力机构输出特性曲线与负载轨迹，如图 4.13 所示。由图可知，采用等速度平方刚度参数修正方法的动力机构输出特性曲线能完全包络负载轨迹，表明该动力机构能够满足驱动负载的需求。同时，根据修正后的液压缸活塞直径 D_{optR} 可对液压缸进行加工制造，根据修正后的伺服阀空载流量 q_0 可采购合适规格的伺服阀。

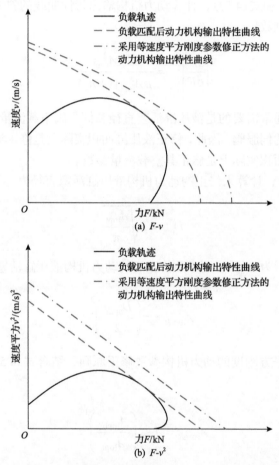

图 4.13　采用等速度平方刚度参数修正方法前后的动力机构输出特性曲线与负载轨迹

4.5　轻量化负载匹配仿真验证

4.5.1　动力机构参数匹配

设定动力机构的负载力和负载速度为

$$\begin{cases} F_L = 2500 \times \sin\left(\pi t + \dfrac{\pi}{8}\right) + 675, & t \in [0, 2\text{s}] \\ v_L = 0.045 \times \cos(\pi t), & t \in [0, 2\text{s}] \end{cases} \tag{4.59}$$

根据式 (4.59)，可得动力机构的负载特性如图 4.14 所示。

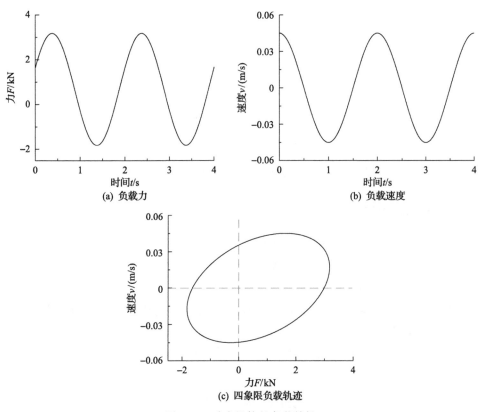

图 4.14　动力机构的负载特性

根据式 (4.59) 和图 4.14 所示四象限负载轨迹，采用上述轻量化负载匹配方法及参数修正方法，选取 $\alpha_f = 0.64$，$\beta_f = \gamma_f = 0.18$，匹配获得该负载轨迹下的轻量化动力机构，称为动力机构 J，其参数如表 4.1 所示。根据式 (3.34)，并结合图 4.14(c) 四象限负载轨迹，得到四象限负载轨迹与动力机构 J 输出特性曲线，如图 4.15 所示。

表 4.1　动力机构 J 参数

参数	液压缸活塞直径/mm	液压缸活塞杆直径/mm	伺服阀空载流量/(L/min)
动力机构 J	25	14	6

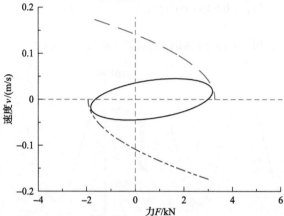

图 4.15　四象限负载轨迹与动力机构 J 输出特性曲线

4.5.2　动力机构仿真建模

本章虽建立了动力机构位置控制系统数学模型，但为了更加准确地反映系统的真实情况，还应充分考虑伺服阀动态和系统的非线性环节，基于作者前期工作[108]，选取状态变量 $[x_1\ x_2\ x_3\ x_4\ x_5\ x_6]^{\mathrm{T}}=[x_p\ \dot{x}_p\ x_V\ \dot{x}_V\ p_1\ p_2]^{\mathrm{T}}$，以状态空间形式，利用 Simulink 搭建包含反馈校正和顺馈校正的动力机构位置控制系统仿真模型，如图 4.16 所示。

结合表 4.1 中参数，仿真模型参数定义及赋值如表 4.2 所示，具体仿真模型如图 4.16 所示。

表 4.2　动力机构 J 仿真模型参数定义及赋值

参数	数值	单位	参数	数值	单位
伺服阀增益 K_{axv}	5×10^{-5}	m/V	10 号航空液压油密度 ρ	867	kg/m^3
伺服阀固有频率 ω_{sv}	628	rad/s	伺服缸外泄漏系数 C_{ep}	0	m^3/(s·Pa)
伺服阀阻尼比 ζ_{sv}	0.7	1	伺服缸内泄漏系数 C_{ip}	1.428×10^{-13}	m^3/(s·Pa)
伺服缸活塞直径 d_1	25	mm	折算到伺服缸活塞上总质量 m	2	kg
伺服缸活塞杆直径 d_2	14	mm	有效体积模量 β_e	8×10^8	Pa
伺服缸活塞总行程 L	85	mm	负载刚度 K	0	N/m
系统供油压力 p_s	8×10^6	Pa	阻尼系数 B_p	2.2×10^4	N·s/m
系统回油压力 p_0	1×10^6	Pa	折算流量系数 K_d	6.254×10^{-5}	m^2/s
位移传感器增益 K_x	166.6	V/m	力传感器增益 K_F	2.2×10^{-3}	V/N

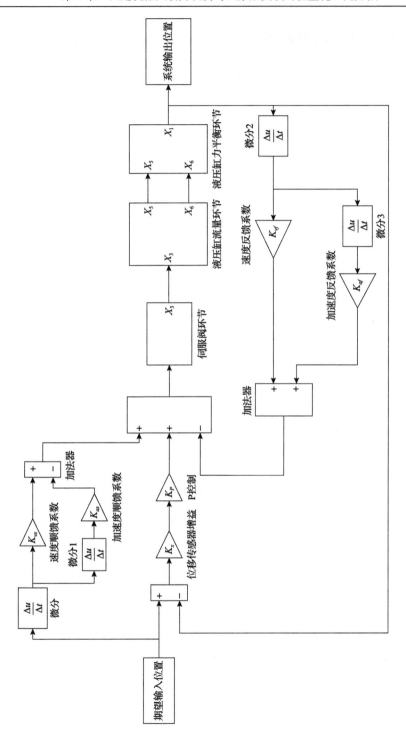

图 4.16　包含反馈校正和顺馈校正的动力机构位置控制系统仿真模型

4.5.3　动力机构驱动效果仿真验证

利用动力机构 J 仿真模型，给伺服阀施加+10V 电压，使其正开口，并在模型负载端施加 3000～–2000N 等斜率下降的负载力，检测动力机构 J 活塞运动速度，获得其在第一二象限输出特性曲线；同理，给伺服阀施加–10V 电压，使其负开口，并在模型负载端施加–2000～3000N 等斜率上升的负载力，检测动力机构 J 活塞运动速度，获得其在第三四象限输出特性曲线；再结合图 4.14(c) 所示四象限负载轨迹，可得四象限负载轨迹与动力机构 J 仿真输出特性曲线，如图 4.17 所示。由图可知，动力机构 J 仿真输出特性曲线完全包络了负载轨迹，其显示的结果与图 4.15 相同，表明动力机构 J 能完全驱动负载。

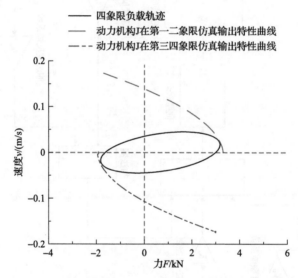

图 4.17　四象限负载轨迹与动力机构 J 仿真输出特性曲线

进一步，采用动力机构 J 仿真模型对其驱动负载进行闭环控制检验。在仿真过程中，采用了反馈校正和顺馈校正，获得动力机构 J 闭环跟随曲线，如图 4.18 所示。

由图 4.18 可知，动力机构 J 仿真系统对负载力和负载速度的闭环跟随曲线基本重合，表明动力机构 J 能满足图中四象限负载的驱动需求，该结论与图 4.15 和图 4.17 显示的结论相同，体现了本章所提轻量化负载匹配方法的有效性。针对轻量化负载匹配方法与传统负载匹配方法的对比验证，将在 7.3 节进行进一步说明。

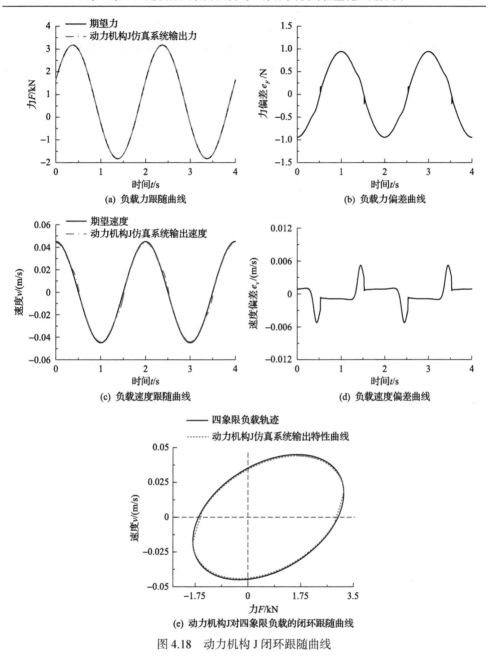

(a) 负载力跟随曲线

(b) 负载力偏差曲线

(c) 负载速度跟随曲线

(d) 负载速度偏差曲线

(e) 动力机构J对四象限负载的闭环跟随曲线

图 4.18　动力机构 J 闭环跟随曲线

4.6　本 章 小 结

本章主要针对阀控液压系统，描述了动力机构四象限输出特性；提出了四象限负载等效方法，将四象限负载等效至第一二象限，可简化四象限负载匹配；结合轻量化需求和动力机构的驱动需求，提出了融合动力机构最大需求功率、校正后系统固有频率、校正后系统闭环刚度的轻量化负载匹配指标，并设计了相应的轻量化匹配方法；提出了等速度平方刚度的动力机构参数修正方法，在保证驱动性能的同时，能获得合适的动力机构。仿真结果表明：利用轻量化负载匹配方法计算得到的动力机构能驱动四象限负载。本章所提方法是四足机器人液压驱动系统轻量化参数匹配方法的重要理论之一，可获得机器人动力机构的结构参数。

第5章　四足机器人腿部关节轻量化铰点位置优化算法

5.1　引　　言

四足机器人腿部关节的旋转运动是通过液压驱动单元(动力机构)的直线运动转化而来的，液压驱动单元如何布置在机器人腿部各关节，是需要解决的另一关键问题。液压驱动单元的铰点位置会影响其负载轨迹，影响液压驱动单元的结构参数和液压油源的流量，从而影响液压驱动系统质量。因此，如何选择合适的四足机器人腿部关节铰点位置，以进一步实现机器人液压驱动系统减重和优化系统的质量分布，是亟须解决的重要问题。本章主要介绍具有普遍性的串联铰接形式四足机器人腿部关节轻量化铰点位置优化算法，图 5.1 为本章主要内容关系图。

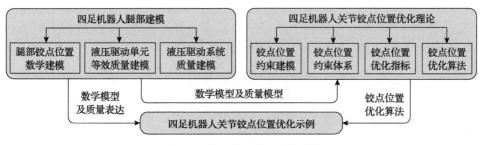

图 5.1　第 5 章主要内容关系图

本章针对串联铰接形式的四足机器人单腿，建立表征其腿部铰点位置的通用数学模型，推导机器人腿部关节等效质量的通用表达式和液压驱动系统质量表达式，提出四足机器人关节铰点位置约束体系及其优化指标，采用智能优化算法实现四足机器人腿部关节轻量化铰点位置的自动寻优，并以某示例对关节铰点位置优化算法进行分析与验证。

5.2　四足机器人腿部建模

5.2.1　四足机器人腿部铰点位置数学建模

建立表征四足机器人腿部铰点位置的数学模型，以描述机器人腿部关节铰点位置、直线型负载、旋转型负载间的映射关系，同时也可描述机器人腿部关节铰点位置、液压驱动单元活塞位移、关节角度间的映射关系。

常见的液压四足机器人腿部一般采用串联结构，由 2～3 个单自由度的基本机构顺序首末连接，各关节由液压驱动单元的直线运动转化为关节转动。因此，建立四足机器人腿部铰点位置坐标分布图，如图 5.2 所示，机器人侧摆方向坐标分布与之类似，其中，以第 2 个关节为例，详细绘出对应的坐标和角度，其他关节与该关节相似。

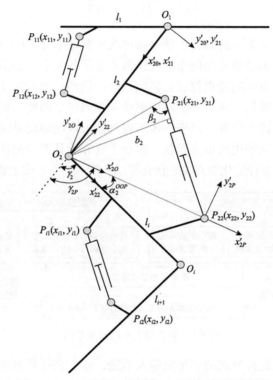

图 5.2　四足机器人腿部铰点位置坐标分布图

在图 5.2 中，$i \in [1, N-1]$ 表示与机器人腿部关节有关的坐标或参数，N 表示机器人腿部杆件数，O_i 为机器人腿部关节，P_{i1} 为机器人腿部第 i 个关节的第一个铰点位置，P_{i2} 为机器人腿部第 i 个关节的第二个铰点位置，$x'_{i0} - y'_{i0}$ 为机器人腿部第 i 个关节全局坐标系，$x'_{i1} - y'_{i1}$ 为机器人腿部第 i 个关节第一个杆件局部坐标系，$x'_{i2} - y'_{i2}$ 为机器人腿部第 i 个关节第二个杆件局部坐标系，$x'_{iO} - y'_{iO}$ 为机器人腿部第 i 个关节 P_{i2} 对应的 D-H 坐标系，$x'_{iP} - y'_{iP}$ 为机器人腿部第 i 个关节 P_{i2} 对应的坐标系，(x_{i1}, y_{i1}) 为 P_{i1} 在 $x'_{i1} - y'_{i1}$ 坐标系中的坐标，(x_{i2}, y_{i2}) 为 P_{i2} 在 $x'_{i2} - y'_{i2}$ 坐标系中的坐标，γ_i 为机器人腿部第 i 个关节中杆件 O_iO_{i+1} 与杆件 $O_{i-1}O_i$ 延长线的夹角，

γ_{iP} 为机器人腿部第 i 个关节中杆件 O_iP_{i2} 与杆件 $O_{i-1}O_i$ 延长线的夹角，α_i^{OOP} 为机器人腿部第 i 个关节中杆件 O_iP_{i2} 与杆件 O_iO_{i+1} 的夹角，l_i 为机器人腿部第 i 个关节的长度。

四足机器人单腿 3 自由度 D-H 坐标系包含机器人侧摆和纵摆两个方向，杆长采用 a 表示，关节角度采用 θ 表示。为了与该模型进行区分，图 5.2 中杆长采用 l 表示，关节角度采用 γ 表示。上述两个模型杆长和关节角度的对应关系满足

$$\begin{cases} l_i = a_i \\ \gamma_i = \theta_{i+1} \end{cases}, \quad i \neq 1 \tag{5.1}$$

以机器人腿部第 i 个关节为例，推导建立关节铰点位置、直线型负载、旋转型负载间的映射关系，以及关节铰点位置、液压驱动单元活塞位移、关节角度间的映射关系。结合机器人运动学，将 P_{i1} 和 P_{i2} 在机器人腿部第 i 个关节的全局坐标系中进行表示。由于坐标系 $x_{i1}' \text{-} y_{i1}'$ 与坐标系 $x_{i0}' \text{-} y_{i0}'$ 重合，所以 P_{i1} 在坐标系 $x_{i0}' \text{-} y_{i0}'$ 中的坐标为

$$\begin{cases} X_{i1} = x_{i1} \\ Y_{i1} = y_{i1} \end{cases} \tag{5.2}$$

坐标系 $x_{i0}' \text{-} y_{i0}'$ 与坐标系 $x_{iO} \text{-} y_{iO}$ 的变换矩阵为

$$^{i0}\boldsymbol{T}_{iO} = \begin{bmatrix} c_{iP} & -s_{iP} & 0 & l_i \\ s_{iP} & c_{iP} & 0 & 0 \\ 0 & 0 & 1 & 0 \\ 0 & 0 & 0 & 1 \end{bmatrix} \tag{5.3}$$

式中，s_{iP} 为 $\sin\gamma_{iP}$ 的缩写，且有 $\gamma_{iP} = \gamma_i + \alpha_i^{OOP}$，$\alpha_i^{OOP} = \arctan(y_{i2}/x_{i2})$；$c_{iP}$ 为 $\cos\gamma_{iP}$ 的缩写。

坐标系 $x_{iO}' \text{-} y_{iO}'$ 与坐标系 $x_{iP}' \text{-} y_{iP}'$ 的变换矩阵为

$$^{iO}\boldsymbol{T}_{iP} = \begin{bmatrix} c_0 & -s_0 & 0 & \sqrt{x_{i2}^2 + y_{i2}^2} \\ s_0 & c_0 & 0 & 0 \\ 0 & 0 & 1 & 0 \\ 0 & 0 & 0 & 1 \end{bmatrix} \tag{5.4}$$

式中，s_0 为 $\sin 0°$ 的缩写；c_0 为 $\cos 0°$ 的缩写。

结合式 (5.3) 和式 (5.4)，坐标系 $x_{i0}' \text{-} y_{i0}'$ 与坐标系 $x_{iP}' \text{-} y_{iP}'$ 的变换矩阵为

$$^{i0}\boldsymbol{T}_{iP} = {^{i0}\boldsymbol{T}_{iO}} \, {^{iO}\boldsymbol{T}_{iP}} = \begin{bmatrix} c_{iP} & -s_{iP} & 0 & l_i \\ s_{iP} & c_{iP} & 0 & 0 \\ 0 & 0 & 1 & 0 \\ 0 & 0 & 0 & 1 \end{bmatrix} \begin{bmatrix} c_0 & -s_0 & 0 & \sqrt{x_{i2}^2 + y_{i2}^2} \\ s_0 & c_0 & 0 & 0 \\ 0 & 0 & 1 & 0 \\ 0 & 0 & 0 & 1 \end{bmatrix}$$

$$= \begin{bmatrix} c_0 c_{iP} - s_0 s_{iP} & -c_0 s_{iP} - s_0 c_{iP} & 0 & l_i + c_{iP}\sqrt{x_{i2}^2 + y_{i2}^2} \\ c_0 s_{iP} + s_0 c_{iP} & c_0 c_{iP} - s_0 s_{iP} & 0 & s_{iP}\sqrt{x_{i2}^2 + y_{i2}^2} \\ 0 & 0 & 1 & 0 \\ 0 & 0 & 0 & 1 \end{bmatrix} \tag{5.5}$$

由式 (5.5) 可知，P_{i2} 在坐标系 x'_{i0} - y'_{i0} 中的坐标为

$$\begin{cases} X_{i2} = l_i + c_{iP}\sqrt{x_{i2}^2 + y_{i2}^2} \\ Y_{i2} = s_{iP}\sqrt{x_{i2}^2 + y_{i2}^2} \end{cases} \tag{5.6}$$

如图 5.2 所示，$P_{i1}P_{i2}$ 的长度为机器人腿部第 i 个关节液压驱动单元的实时长度，根据式 (5.2) 和式 (5.6)，可计算 $P_{i1}P_{i2}$ 的长度为

$$\begin{aligned} \left|P_{i1}P_{i2}\right| &= \sqrt{(X_{i1} - X_{i2})^2 + (Y_{i1} - Y_{i2})^2} \\ &= \sqrt{\left[x_{i1} - \left(l_i + c_{iP}\sqrt{x_{i2}^2 + y_{i2}^2}\right)\right]^2 + \left(y_{i1} - s_{iP}\sqrt{x_{i2}^2 + y_{i2}^2}\right)^2} \end{aligned} \tag{5.7}$$

根据式 (5.7)，计算机器人腿部第 i 个关节液压驱动单元的行程为

$$L_i = \max\left(\left|P_{i1}P_{i2}\right|\right) - \min\left(\left|P_{i1}P_{i2}\right|\right) \tag{5.8}$$

式中，$\max\left(\left|P_{i1}P_{i2}\right|\right)$ 为 $P_{i1}P_{i2}$ 的最大长度；$\min\left(\left|P_{i1}P_{i2}\right|\right)$ 为 $P_{i1}P_{i2}$ 的最小长度。

机器人腿部第 i 个关节液压驱动单元两铰点与关节转点形成的三角形为 $\triangle O_i P_{i1} P_{i2}$，根据 P_{i1} 在坐标系 x'_{i1} - y'_{i1} 中的坐标，可计算 $O_i P_{i1}$ 的长度为

$$\left|O_i P_{i1}\right| = \sqrt{(l_i - x_{i1})^2 + (0 - y_{i1})^2} \tag{5.9}$$

同理，根据 P_{i2} 在 x'_{i2} - y'_{i2} 坐标系中的坐标，可计算 $O_i P_{i2}$ 的长度为

$$\left|O_i P_{i2}\right| = \sqrt{x_{i2}^2 + y_{i2}^2} \tag{5.10}$$

根据式 (5.7)、式 (5.9) 和式 (5.10)，结合余弦定理，计算机器人腿部第 i 个关节的夹角 β_i 为

$$\beta_i = \arccos\left(\frac{\left|O_i P_{i1}\right|^2 + \left|P_{i1} P_{i2}\right|^2 - \left|O_i P_{i2}\right|^2}{2\left|O_i P_{i1}\right|\left|P_{i1} P_{i2}\right|}\right) \tag{5.11}$$

根据式 (5.9) 和式 (5.11)，计算机器人腿部第 i 个关节液压驱动单元的驱动力臂为

$$b_i = \left|O_i P_{i1}\right| \sin \beta_i \tag{5.12}$$

通过上述对机器人腿部第 i 个关节建模及公式推导，式 (5.12) 可以描述机器人腿部关节液压驱动单元在不同铰点位置情况下，机器人腿部关节角度与液压驱动单元驱动力臂间的实时映射关系，在机器人关节运动的整个范围内，驱动力臂应该始终大于零。

为了进一步描述机器人腿部关节液压驱动单元不同铰点位置情况下，关节旋转型负载特性与直线型负载特性间的映射关系，根据式 (5.12) 计算第 i 个关节直线型负载特性中的液压驱动单元出力为

$$F_i = \frac{\tau_i}{b_i} \tag{5.13}$$

式中，τ_i 为机器人腿部第 i 个关节转矩。

机器人腿部第 i 个关节直线型负载特性中的液压驱动单元速度为

$$v_i = \omega_i b_i \tag{5.14}$$

式中，ω_i 为机器人腿部第 i 个关节转速。

通过式 (5.13) 和式 (5.14) 可以实时计算机器人腿部关节液压驱动单元直线型负载特性，结合第 4 章的轻量化负载匹配方法，可计算机器人腿部关节液压驱动单元参数，进而可得到机器人腿部关节液压驱动单元的质量表达式。

5.2.2　四足机器人液压驱动单元等效质量建模

由式 (3.64) 和式 (3.92) 可知，要计算液压驱动单元固有频率，需知道其等效质量，又因为液压驱动单元等效质量与关节铰点位置相关，所以有必要对机器人液压驱动单元的等效质量展开研究，并针对机器人腿部的不同状态，推导液压驱动单元等效质量的通用表达式。

1. 摆动相液压驱动单元等效质量

在运动过程中，四足机器人各腿状态在摆动相和着地相之间循环切换，以实现机器人正常行走。当四足机器人腿部处于摆动相时，其腿部处于悬空状态，各

关节按规划的轨迹运动，以实现机器人的迈步。此时，机器人摆动相腿部质量简化模型如图 5.3 所示。

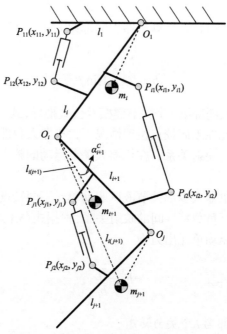

图 5.3　机器人摆动相腿部质量简化模型

以机器人腿部第 i 个关节为例，其液压驱动单元的等效质量为该关节以下构件在运动过程中对此关节产生的等效质量。因此，第 i 个关节以下构件绕第 i 个关节转动的动能为

$$E_{ksi} = \frac{1}{2} J_{ksi} \omega_i^2 \tag{5.15}$$

式中，J_{ksi} 为第 i 个关节以下构件绕第 i 个关节的转动惯量。

由转动惯量的平移定理可计算 J_{ksi} 为

$$J_{ksi} = \sum_{j=i+1}^{N} \left(J_j + m_j l_{ij}^2 \right) \tag{5.16}$$

式中，J_j 为机器人第 j 个关节构件的转动惯量；m_j 为机器人第 j 个关节构件的质量；l_{ij} 为机器人第 j 个关节构件质心至第 i 个关节的距离。

在式 (5.16) 中，$l_{ij} (j = i+1, i+2, \cdots, N)$ 的值需要根据机器人腿部结构和状态进行具体计算。其中，$l_{i(i+1)}$ 仅与机器人腿部构件的结构尺寸相关；$l_{ij} (j = i+2,$

$i+3,\cdots,N$) 不仅与机器人腿部构件的结构尺寸相关，还与机器人腿部状态相关，换言之，$l_{ij}(j=i+2,\,i+3,\cdots,N)$ 的值会随着机器人腿部状态的不同而发生改变。

根据式 (5.15)，由动能不变原理有

$$\frac{1}{2}J_{ksi}\omega_i^2=\frac{1}{2}m_{ksi}v_i^2 \tag{5.17}$$

式中，m_{ksi} 为第 i 个关节以下构件绕第 i 个关节转动的等效质量。

将式 (5.14) 和式 (5.16) 代入式 (5.17)，计算机器人腿部第 i 个关节以下构件绕第 i 个关节转动的液压驱动单元等效质量的通用表达式为

$$m_{ksi}=J_{ksi}\left(\frac{\omega_i}{v_i}\right)^2=\frac{J_{ksi}}{b_i^2}=\frac{\displaystyle\sum_{j=i+1}^{N}\left(J_j+m_jl_{ij}^2\right)}{b_i^2} \tag{5.18}$$

2. 着地相液压驱动单元等效质量

当四足机器人腿部处于着地相时，其足端与地面接触，各关节按规划的轨迹运动，实现机器人的前进。此时，机器人着地相腿部质量简化模型如图 5.4 所示。

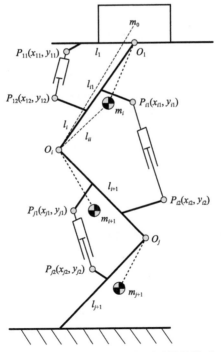

图 5.4　机器人着地相腿部质量简化模型

在图 5.4 中，m_0 为机器人机身等效至各腿的质量。以机器人腿部第 i 个关节为例，其液压驱动单元的等效质量为该关节构件及其以上构件在运动过程中对此关节产生的等效质量。因此，第 i 个关节构件及其以上构件绕第 i 个关节转动的动能为

$$E_{kli} = \frac{1}{2} J_{kli} \omega_i^2 \tag{5.19}$$

式中，J_{kli} 为第 i 个关节以上构件绕第 i 个关节的转动惯量。

由转动惯量的平移定理可计算 J_{kli} 为

$$J_{kli} = \sum_{j=0}^{i} \left(J_j + m_j l_{ij}^2 \right) \tag{5.20}$$

在式 (5.20) 中，$l_{ij}(j = 0, 1, \cdots, i)$ 的值需要根据机器人腿部结构和状态进行具体计算。其中，l_{ii} 仅与机器人腿部构件的结构尺寸相关；$l_{ij}(j = 0, 1, \cdots, i-1)$ 不仅与机器人腿部构件的结构尺寸相关，还与机器人腿部状态相关，换言之，$l_{ij}(j = 0, 1, \cdots, i-1)$ 的值会随着机器人腿部状态的不同而发生改变。

根据式 (5.19)，由动能不变原理有

$$\frac{1}{2} J_{kli} \omega_i^2 = \frac{1}{2} m_{kli} v_i^2 \tag{5.21}$$

式中，m_{kli} 为第 i 个关节以上构件绕第 i 个关节转动的等效质量。

将式 (5.14) 和式 (5.20) 代入式 (5.21)，计算机器人腿部第 i 个关节构件及其以上构件绕第 i 个关节转动的液压驱动单元等效质量的通用表达式为

$$m_{kli} = J_{kli} \left(\frac{\omega_i}{v_i} \right)^2 = \frac{J_{kli}}{b_i^2} = \frac{\sum_{j=0}^{i} \left(J_j + m_j l_{ij}^2 \right)}{b_i^2} \tag{5.22}$$

5.2.3　四足机器人液压驱动系统质量建模

1. 液压驱动单元质量建模

液压四足机器人腿部各关节驱动器通常采用高集成性阀控缸结构形式的动力机构。图 5.5 为四足机器人腿部液压驱动单元三维模型，其主要由伺服缸缸体、前端盖、活塞杆、伺服阀、位移传感器、力传感器、前端耳环及关节轴承组成。

图 5.5　四足机器人腿部液压驱动单元三维模型

根据液压驱动单元的伺服缸缸体结构特点，建立其质量表达式为

$$M_c = \left\{ \pi\sigma_2 \left(\frac{D}{2} + \sigma_1 \right)^2 + \left[\pi \left(\frac{D}{2} + \sigma_1 \right)^2 - A_1 \right] (L_1 + \sigma_3) \right\} \rho_c \tag{5.23}$$

式中，σ_1 为液压驱动单元伺服缸缸体厚度；σ_2 为液压驱动单元伺服缸后端盖厚度；σ_3 为液压驱动单元活塞厚度；D 为液压驱动单元伺服缸无杆腔直径；A_1 为液压驱动单元伺服缸无杆腔面积；ρ_c 为液压驱动单元伺服缸缸体密度；L_1 为液压驱动单元活塞杆长度。

根据液压驱动单元的活塞杆结构特点，建立其质量表达式为

$$M_{pr} = \left[A_1\sigma_3 + \pi L_1 \left(\frac{d}{2} \right)^2 \right] \rho_{pr} \tag{5.24}$$

式中，d 为液压驱动单元活塞杆直径；ρ_{pr} 为液压驱动单元活塞杆密度。

根据液压驱动单元的前端盖结构特点，建立其质量表达式为

$$M_{fc} = A_2\sigma_4\rho_{fc} \tag{5.25}$$

式中，A_2 为液压驱动单元伺服缸有杆腔面积；σ_4 为液压驱动单元前端盖厚度；ρ_{fc} 为液压驱动单元前端盖密度。

根据液压驱动单元的前端耳环及关节轴承结构特点，建立其质量表达式为

$$M_{eb} = M_e + M_b \tag{5.26}$$

式中，M_e 为液压驱动单元前端耳环质量；M_b 为液压驱动单元前端关节轴承质量。

根据式(5.23)～式(5.26)，计算液压驱动单元的整体质量为

$$M_d = M_c + M_{pr} + M_{fc} + M_{eb} + M_{sv} + M_{ps} + M_{fs} \tag{5.27}$$

式中，M_{sv} 为液压驱动单元伺服阀质量；M_{ps} 为液压驱动单元位移传感器质量；M_{fs} 为液压驱动单元力传感器质量。

2. 液压油源质量建模

四足机器人的液压油源承担着向液压驱动单元提供恒定高压油的任务，并负责保持油液洁净和散热等工作。根据液压油源的元件属性和功能，将其划分为 8 个模块，包括电机泵模块、泵出口模块、蓄能器模块、调压模块、冷却模块、回油模块、压力油箱模块和其他模块。四足机器人液压油源模块及其包含元件如表 5.1 所示。

表 5.1　四足机器人液压油源模块及其包含元件

序号	机器人液压油源模块名称	模块包含元件
1	电机泵模块	电机、柱塞泵、截止阀
2	泵出口模块	过滤器、单向阀
3	蓄能器模块	补油作用蓄能器、吸振作用蓄能器
4	调压模块	压力传感器、比例溢流阀
5	冷却模块	风冷却器
6	回油模块	压力传感器、注油口、温度传感器
7	压力油箱模块	压力油箱
8	其他模块	控制器、油路集成块

液压油源的质量受电机、柱塞泵和蓄能器的影响最大，且由于其他阀元件和阀块形式各异，无法建立统一质量公式。因此，本书主要建立电机、柱塞泵和蓄能器的质量表达式，其他元件在液压油源参数小范围变化情况下质量变化较小。

根据电机结构特点，其质量主要由定子转子和外壳组成，建立其质量表达式为

$$M_m = \frac{\rho_1 K_1 C_A \pi T_N K_E}{4\cos\varphi_N}$$
$$+ \frac{K_2 \delta_m \pi \rho_2}{4} \sqrt[3]{\frac{60 C_A T_N K_E f}{\pi \lambda_m \cos\varphi_N}} \left(\sqrt[3]{\frac{C_A \pi^2 n_m^2 \lambda_m^2 T_N K_E}{10 f^2 \cos\varphi_N}} + \frac{\pi \lambda_m n_m}{60 f} \delta_m + 6\delta_m + 2 \right) \quad (5.28)$$

式中，ρ_1 为电机定子转子的密度；ρ_2 为电机外壳材料的密度；K_1、K_2 为修正系数；C_A 为电机常数；T_N 为电机额定转矩；K_E 为电机额定负载时感应电势与端

电压之比；$\cos\varphi_N$ 为电机功率因子；δ_m 为电机壁厚；λ_m 为比例系数；f 为电机频率；n_m 为电机转速。

根据蓄能器的结构特点，建立其质量表达式为

$$M_a = 2\pi K_a \rho_m \delta_a \sqrt[3]{\frac{V_0}{z_a\pi}}\left(\sqrt[3]{\frac{V_0}{z_a\pi}} + \sqrt[3]{\frac{V_0 z_a^2}{z_a\pi}} + z_a\delta_a\right) \tag{5.29}$$

式中，K_a 为蓄能器质量修正系数；ρ_m 为蓄能器材料的密度；V_0 为蓄能器有效容积；z_a 为蓄能器长宽比；δ_a 为蓄能器壁厚。

根据柱塞泵的结构特点，建立其质量表达式为

$$M_{pl} = K_{pl}\rho_{pl}\frac{\pi}{4}\left(\frac{z_{pl}}{2}\sqrt[3]{\frac{q_B}{z_{pl}}} - \sqrt[3]{\frac{4q_B}{\pi z_{pl}\lambda_{pl}}} + \sqrt[3]{\frac{q_B}{z_{pl}}}\pi\right)^2\left(\frac{3\pi}{4}\sqrt[3]{\frac{q_B}{z_{pl}}} + z\sqrt[3]{\frac{q_B}{z_{pl}}}\tan\chi + \frac{1}{2}\sqrt[3]{\frac{4q_B}{\pi z_{pl}\lambda_{pl}}}\right)$$

$$\tag{5.30}$$

式中，K_{pl} 为柱塞泵质量修正系数；ρ_{pl} 为柱塞泵材料的密度；q_B 为柱塞泵排量；z_{pl} 为柱塞泵柱塞数量；λ_{pl} 为柱塞行程与柱塞直径之比；χ 为柱塞泵斜盘倾角。

根据式(5.28)～式(5.30)，建立液压油源的整体质量为

$$M_p = M_m + M_a + M_{pl} + M_q \tag{5.31}$$

式中，M_q 为液压油源其他模块质量之和。

5.3　四足机器人关节铰点位置优化理论

5.3.1　四足机器人关节铰点位置约束建模

在进行机器人腿部关节液压驱动单元铰点位置优化前，还需进一步明确优化过程中的相关边界、约束及判断条件，并将这些边界、约束和判断条件用相应的数学公式进行表达，以筛选出满足条件的铰点位置。

1. 关节铰点位置约束

四足机器人腿部各关节液压驱动单元的铰点需要布置在腿部空间内，以机器人腿部第 i 个关节为例，机器人腿部第 i 个关节液压驱动单元铰点位置示意图如图 5.6 所示。

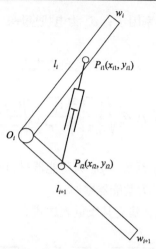

图 5.6　机器人腿部第 i 个关节液压驱动单元铰点位置示意图

　　受机器人整机尺寸的限制，机器人腿部各杆件（如大腿、小腿）的长度和宽度会有一定的尺寸要求，根据各关节杆件的尺寸要求，可确定机器人腿部第 i 个关节液压驱动单元的铰点边界为

$$\begin{cases} x_{i1\min} \leqslant x_{i1} \leqslant x_{i1\max} \leqslant l_i \\ y_{i1\min} \leqslant y_{i1} \leqslant y_{i1\max} \leqslant w_i \\ x_{i2\min} \leqslant x_{i2} \leqslant x_{i2\max} \leqslant l_{i+1} \\ y_{i2\min} \leqslant y_{i2} \leqslant y_{i2\max} \leqslant w_{i+1} \end{cases} \tag{5.32}$$

式中，l_i 为机器人腿部第 i 个关节第一个杆件长度；w_i 为机器人腿部第 i 个关节第一个杆件宽度；$x_{i1\min}$ 为机器人腿部第 i 个关节第一个铰点 x 方向的最小值；$x_{i1\max}$ 为机器人腿部第 i 个关节第一个铰点 x 方向的最大值；$y_{i1\min}$ 为机器人腿部第 i 个关节第一个铰点 y 方向的最小值；$y_{i1\max}$ 为机器人腿部第 i 个关节第一个铰点 y 方向的最大值；l_{i+1} 为机器人腿部第 i 个关节第二个杆件长度；w_{i+1} 为机器人腿部第 i 个关节第二个杆件宽度；$x_{i2\min}$ 为机器人腿部第 i 个关节第二个铰点 x 方向的最小值；$x_{i2\max}$ 为机器人腿部第 i 个关节第二个铰点 x 方向的最大值；$y_{i2\min}$ 为机器人腿部第 i 个关节第二个铰点 y 方向的最小值；$y_{i2\max}$ 为机器人腿部第 i 个关节第二个铰点 y 方向的最大值。

　　2. 关节转点与铰点的三角形约束

　　机器人腿部关节的旋转运动由相应关节液压驱动单元的直线运动转化而来，在该种结构下，机器人腿部关机运动的极限角度范围为 0°～180°。以机器人腿部第 i 个关节为例，在该关节运动的所有角度情况下，关节的两个铰点位置和关节转点将始终形成一个三角形。因此，在关节运动的两个极限位置处，关节的两个铰点位置和关节转点需满足三角形约束，机器人腿部第 i 个关节液压驱动单元铰点位置三角形约束示意图如图 5.7 所示。

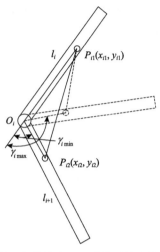

图 5.7　机器人腿部第 i 个关节液压驱动单元铰点位置三角形约束示意图

当机器人腿部第 i 个关节角度在 D-H 角的最小值 $\gamma_{i\min}$ 和最大值 $\gamma_{i\max}$ 之间变化时，其三角形约束具体表示为

$$L_{\min}^{OPP} + L_{\mathrm{mid}}^{OPP} > L_{\max}^{OPP} \tag{5.33}$$

其中，

$$
\begin{cases}
L_{\min}^{OPP} = \min\left(|O_i P_{i1}|, |O_i P_{i2}|, |P_{i1} P_{i2}|\right) \\
L_{\max}^{OPP} = \max\left(|O_i P_{i1}|, |O_i P_{i2}|, |P_{i1} P_{i2}|\right) \\
L_{\mathrm{mid}}^{OPP} = \left(|O_i P_{i1}| + |O_i P_{i2}| + |P_{i1} P_{i2}|\right) - L_{\min}^{OPP} - L_{\max}^{OPP}
\end{cases}
\tag{5.34}
$$

式中，$L_{\min}^{OPP}$ 为 $|O_i P_{i1}|$、$|O_i P_{i2}|$、$|P_{i1} P_{i2}|$ 中的最小值；$L_{\max}^{OPP}$ 为 $|O_i P_{i1}|$、$|O_i P_{i2}|$、$|P_{i1} P_{i2}|$ 中的最大值；L_{mid}^{OPP} 为 $|O_i P_{i1}|$、$|O_i P_{i2}|$、$|P_{i1} P_{i2}|$ 中的中间值。

3. 液压驱动单元行程约束

以机器人腿部第 i 个关节为例，在关节运动的过程中，除了需要考虑上述三角形约束外，还需要考虑液压驱动单元全缩回长度和两铰点间最小距离的关系。以下将对两者的三种关系分别进行讨论。

情况 1：

$$L_{bi} > \min\left(\left|P_{i1}P_{i2}\right|\right) \tag{5.35}$$

式中，L_{bi} 为机器人腿部第 i 个关节液压驱动单元全缩回长度；$\min\left(\left|P_{i1}P_{i2}\right|\right)$ 为机器人腿部第 i 个关节两铰点间最小距离。

该种情况表征的现象为，关节液压驱动单元全缩回长度大于关节两铰点间最小距离。换言之，在关节 D-H 角为 $\gamma_{i\max}$ 时，两铰点间的距离不够，限制了液压驱动单元的行程。因此，该种情况下的铰点位置需要舍去。

情况 2：

$$L_{bi} = \min\left(\left|P_{i1}P_{i2}\right|\right) \tag{5.36}$$

该种情况表征的现象为，关节液压驱动单元全缩回长度等于关节两铰点间最小距离。换言之，在关节 D-H 角为 $\gamma_{i\max}$ 时，两铰点间的距离刚好能放置所需的液压驱动单元，当液压驱动单元完全伸出时，关节角度恰好达到 $\gamma_{i\min}$。因此，该种情况下的铰点位置符合要求。

情况 3：

$$L_{bi} < \min\left(\left|P_{i1}P_{i2}\right|\right) \tag{5.37}$$

该种情况表征的现象为，关节液压驱动单元全缩回长度小于关节两铰点间最小距离。换言之，在关节 D-H 角为 $\gamma_{i\max}$ 时，两铰点间的距离不仅能放置所需的液压驱动单元，而且长度还有余量。因此，该种情况下的铰点位置符合要求。

在该种情况下，长度余量为

$$L_{gi} = \min\left(\left|P_{i1}P_{i2}\right|\right) - L_{bi} \tag{5.38}$$

对于长度余量的处理，其具体方案如图 5.8 所示。

方案 1：将长度余量用推杆补充，即在液压驱动单元活塞杆前增加推杆。因此，推杆的长度为

$$L_{Ti} = L_{gi} \tag{5.39}$$

在该方案下，液压驱动单元完全缩回和伸出分别对应机器人关节 D-H 角的 $\gamma_{i\max}$ 和 $\gamma_{i\min}$，恰好满足关节 D-H 角的设计边界。

方案 2：适当增加液压驱动单元行程，即将长度余量转化为液压驱动单元的行程，该方案可获得较原关节 D-H 角范围更大的转角。考虑需要包含设计边界对应的关节 D-H 角，液压驱动单元行程的增加量需满足

$$L_{zi} = k_{gi}L_{gi}, \quad \frac{1}{2} \leqslant k_{gi} \leqslant 1 \tag{5.40}$$

式中，k_{gi} 为机器人腿部第 i 个关节液压驱动单元增加行程的比例。

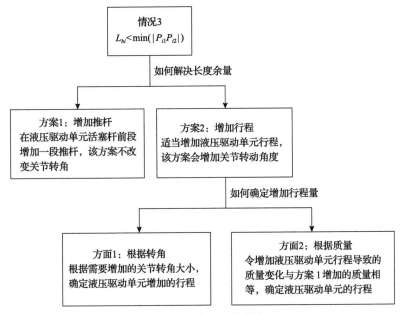

图 5.8　长度余量的处理方案

对于 k_{gi}，当 $k_{gi} < 1/2$ 时，液压驱动单元增加相应行程后，新关节 D-H 角的范围包含设计边界 γ_{imax}，但达不到设计边界 γ_{imin}；当 $k_{gi} = 1/2$ 时，液压驱动单元增加相应行程后，新关节 D-H 角的范围包含设计边界 γ_{imax}，恰好达到设计边界 γ_{imin}；当 $k_{gi} > 1/2$ 时，液压驱动单元增加相应行程后，新关节 D-H 角的范围包含设计边界 γ_{imin} 和 γ_{imax}。

针对 k_{gi} 的选取问题，可从以下两个方面考虑。

方面 1：根据机器人关节 D-H 角度需求选取，在机器人腿部第 i 个液压驱动单元行程增加 L_{zi} 后，机器人关节 D-H 角范围如图 5.9 所示。

液压驱动单元行程增加 L_{zi} 后，关节 D-H 角满足

$$\begin{cases} \min\left(|P_{i1}P_{i2}|\right) = \sqrt{|O_iP_{i1}|^2 + |O_iP_{i2}|^2 - 2|O_iP_{i1}||O_iP_{i2}|\cos(\gamma_{imax} + \gamma_{z2i})} \\ \max\left(|P_{i1}P_{i2}|\right) = \sqrt{|O_iP_{i1}|^2 + |O_iP_{i2}|^2 - 2|O_iP_{i1}||O_iP_{i2}|\cos(\gamma_{imin} - \gamma_{z1i})} \end{cases} \tag{5.41}$$

其行程满足

$$L_{bi} + L_{zi} = L_{bi} + k_{gi}L_{gi} = \max\left(P_{i1}P_{i2}\right) - \min\left(P_{i1}P_{i2}\right) \tag{5.42}$$

因此，在 γ_{z1i} 和 γ_{z2i} 确定后，可计算液压驱动单元增加行程的比例为

$$k_{gi} = \frac{\max\left(P_{i1}P_{i2}\right) - \min\left(P_{i1}P_{i2}\right) - L_{bi}}{L_{gi}}, \quad \frac{1}{2} \leqslant k_{gi} \leqslant 1 \tag{5.43}$$

由式 (5.43) 可知，可根据实际需要扩大原关节角度的运动范围，如令 $\gamma_{z1i} = \gamma_{z2i}$，液压驱动单元增加相应的行程后，与原关节 D-H 角范围相比，关节两端极限位置增加的角度相等。

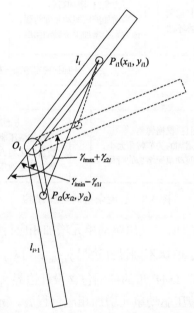

图 5.9　机器人腿部第 i 个液压驱动单元行程增加 L_{zi} 后关节 D-H 角范围

方面 2：考虑液压驱动单元增加行程而导致其质量增加的情况，若以上述方案 1 为参考，即液压驱动单元增加行程而导致增加的质量与方案 1 中增加推杆而导致增加的质量相同。假设推杆与液压驱动单元活塞杆的材料相同，则有

$$\rho_c L_{zi}\left[\pi\left(\frac{D}{2} + \sigma\right)^2 - A_1\right] + \rho_{pr}L_{zi}\pi\frac{d^2}{4} = \rho_{pr}L_{Ti}\pi\frac{d^2}{4} \tag{5.44}$$

将式 (5.39) 和 (5.40) 代入式 (5.44)，可计算液压驱动单元增加行程的比例为

$$k_{gi} = \frac{\rho_{pr}\pi d^2}{\rho_c\left[\pi(D+2\sigma)^2 - 4A_1\right] + \rho_{pr}\pi d^2}, \quad \frac{1}{2} \leqslant k_{gi} \leqslant 1 \tag{5.45}$$

综上所述,在情况 3 下,长度余量的解决办法有方案 1(增加推杆)和方案 2(增加行程),其中,方案 2 又可根据实际需求存在方面 1(按关节角度需求计算增加的液压驱动单元行程)和方面 2(按与方案 1 增加推杆质量相同计算增加的液压驱动单元行程)两个解决方法。

4. 机器人腿部构型约束

雅可比矩阵是对机器人关节转速与末端速度的描述,雅可比矩阵的转置可对机器人关节力矩与末端力进行描述。以常见腿部纵摆为 2 关节的机器人为例,根据机器人运动学,机器人关节空间转速/力矩与足端运动空间速度/出力间的关系为

$$\begin{bmatrix} \dot{x} \\ \dot{z} \end{bmatrix} = \boldsymbol{J}\begin{bmatrix} \dot{\gamma}_1 \\ \dot{\gamma}_2 \end{bmatrix} = \boldsymbol{J}\begin{bmatrix} \omega_1 \\ \omega_2 \end{bmatrix} \tag{5.46}$$

$$\begin{bmatrix} \tau_1 \\ \tau_2 \end{bmatrix} = \boldsymbol{J}^{\mathrm{T}}\begin{bmatrix} F_x \\ F_z \end{bmatrix} \tag{5.47}$$

式中,$\boldsymbol{J}$ 为雅可比矩阵,有

$$\boldsymbol{J} = \begin{bmatrix} j_1 & j_2 \\ j_3 & j_4 \end{bmatrix} = \begin{bmatrix} -l_2\sin\gamma_1 - l_3\sin(\gamma_1+\gamma_2) & -l_3\sin(\gamma_1+\gamma_2) \\ l_2\cos\gamma_1 + l_3\cos(\gamma_1+\gamma_2) & l_3\cos(\gamma_1+\gamma_2) \end{bmatrix} \tag{5.48}$$

雅可比矩阵条件数能衡量机构的灵巧度,进而表征机构的运动学性能。机构的雅可比矩阵条件数的表达式为

$$\mathrm{Cond}(\boldsymbol{J}) = \sqrt{\frac{\lambda_{\max}}{\lambda_{\min}}} \tag{5.49}$$

式中,$\lambda_{\max}$ 为 $\boldsymbol{J} \times \boldsymbol{J}^{\mathrm{T}}$ 最大特征值;$\lambda_{\min}$ 为 $\boldsymbol{J} \times \boldsymbol{J}^{\mathrm{T}}$ 最小特征值。

当 $\mathrm{Cond}(\boldsymbol{J}) = 1$ 时,机构处于性能最优状态;$\mathrm{Cond}(\boldsymbol{J})$ 的值越大,机构的性能越差,当 $\mathrm{Cond}(\boldsymbol{J}) = \infty$ 时,机构处于奇异位形。

机器人腿部关节的旋转运动是由各关节液压驱动单元的直线运动转化而来的,因此结合式(5.46)~式(5.48),机器人关节空间速度/出力与足端运动空间速度/出力间的关系为

$$
\begin{bmatrix} \dot{x} \\ \dot{z} \end{bmatrix} = \boldsymbol{J} \begin{bmatrix} \omega_1 \\ \omega_2 \end{bmatrix} = \boldsymbol{J} \begin{bmatrix} \dfrac{v_1}{b_1} \\ \dfrac{v_2}{b_2} \end{bmatrix} = \boldsymbol{J} \begin{bmatrix} \dfrac{1}{b_1} & 0 \\ 0 & \dfrac{1}{b_2} \end{bmatrix} \begin{bmatrix} v_1 \\ v_2 \end{bmatrix} = \boldsymbol{J}' \begin{bmatrix} v_1 \\ v_2 \end{bmatrix} \tag{5.50}
$$

$$
\begin{bmatrix} F_1 \\ F_2 \end{bmatrix} = \begin{bmatrix} b_1 & 0 \\ 0 & b_2 \end{bmatrix}^{-1} \boldsymbol{J}^{\mathrm{T}} \begin{bmatrix} F_x \\ F_z \end{bmatrix} = \boldsymbol{J}'^{\mathrm{T}} \begin{bmatrix} F_x \\ F_z \end{bmatrix} \tag{5.51}
$$

其中，

$$
\boldsymbol{J}' = \boldsymbol{J} \begin{bmatrix} \dfrac{1}{b_1} & 0 \\ 0 & \dfrac{1}{b_2} \end{bmatrix} = \begin{bmatrix} \dfrac{j_1}{b_1} & \dfrac{j_2}{b_2} \\ \dfrac{j_3}{b_1} & \dfrac{j_4}{b_2} \end{bmatrix} \tag{5.52}
$$

$$
\boldsymbol{J}'^{\mathrm{T}} = \begin{bmatrix} b_1 & 0 \\ 0 & b_2 \end{bmatrix}^{-1} \boldsymbol{J}^{\mathrm{T}} = \begin{bmatrix} \dfrac{j_1}{b_1} & \dfrac{j_3}{b_1} \\ \dfrac{j_2}{b_2} & \dfrac{j_4}{b_2} \end{bmatrix} \tag{5.53}
$$

结合式(5.49)、式(5.52)和式(5.53)，定义直线型雅可比矩阵的条件数为

$$
\mathrm{Cond}(\boldsymbol{J}') = \sqrt{\dfrac{\lambda'_{\max}}{\lambda'_{\min}}} \tag{5.54}
$$

式中，$\lambda'_{\max}$ 为 $\boldsymbol{J}' \times \boldsymbol{J}'^{\mathrm{T}}$ 最大特征值；$\lambda'_{\min}$ 为 $\boldsymbol{J}' \times \boldsymbol{J}'^{\mathrm{T}}$ 最小特征值。

由式(5.52)和式(5.53)可知，矩阵 $\boldsymbol{J}' \times \boldsymbol{J}'^{\mathrm{T}}$ 有 2 个特征值，经计算其分别为

$$
\begin{aligned}
\lambda'_1 = {} & \frac{b_1^2 j_2^2 + b_2^2 j_1^2 + b_1^2 j_4^2 + b_2^2 j_3^2}{2b_1^2 b_2^2} \\
& + \frac{\sqrt{\left[(b_1 j_2 + b_2 j_3)^2 + (b_1 j_4 - b_2 j_1)^2 \right]\left[(b_1 j_2 - b_2 j_3)^2 + (b_1 j_4 + b_2 j_1)^2 \right]}}{2b_1^2 b_2^2}
\end{aligned} \tag{5.55}
$$

$$
\begin{aligned}
\lambda'_2 = {} & \frac{b_1^2 j_2^2 + b_2^2 j_1^2 + b_1^2 j_4^2 + b_2^2 j_3^2}{2b_1^2 b_2^2} \\
& - \frac{\sqrt{\left[(b_1 j_2 + b_2 j_3)^2 + (b_1 j_4 - b_2 j_1)^2 \right]\left[(b_1 j_2 - b_2 j_3)^2 + (b_1 j_4 + b_2 j_1)^2 \right]}}{2b_1^2 b_2^2}
\end{aligned} \tag{5.56}
$$

由式(5.55)和式(5.56)可知，矩阵 $\boldsymbol{J}' \times \boldsymbol{J}'^{\mathrm{T}}$ 的 2 个特征值满足 $\lambda_1' - \lambda_2' \geqslant 0$。因此，式(5.54)中的 $\lambda_{\max}' = \lambda_1'$，$\lambda_{\min}' = \lambda_2'$。结合式(5.54)～式(5.56)，有

$$\mathrm{Cond}(\boldsymbol{J}') = \sqrt{\frac{b_1^2 j_2^2 + b_2^2 j_1^2 + b_1^2 j_4^2 + b_2^2 j_3^2 + \sqrt{\left[(b_1 j_2 + b_2 j_3)^2 + (b_1 j_4 - b_2 j_1)^2\right]\left[(b_1 j_2 - b_2 j_3)^2 + (b_1 j_4 + b_2 j_1)^2\right]}}{b_1^2 j_2^2 + b_2^2 j_1^2 + b_1^2 j_4^2 + b_2^2 j_3^2 - \sqrt{\left[(b_1 j_2 + b_2 j_3)^2 + (b_1 j_4 - b_2 j_1)^2\right]\left[(b_1 j_2 - b_2 j_3)^2 + (b_1 j_4 + b_2 j_1)^2\right]}}}$$

$$(5.57)$$

由式(5.57)可知，直线型雅可比矩阵条件数与机器人关节液压驱动单元的驱动力臂相关，由机构雅可比矩阵条件数的用途可知，其可用于机器人腿部关节液压驱动单元铰点位置的优化，$\mathrm{Cond}(\boldsymbol{J}')$ 越趋近于 1，机器人的性能越优。

5. 其他构型约束

在对关节铰点位置优化过程中，还可根据机器人的实际需求增加其他约束，如液压驱动单元的最大力/最小力约束、液压驱动单元的力波动范围约束、液压驱动单元的最大速度/最小速度约束、液压驱动单元的速度波动范围约束、机器人关节的最大力臂/最小力臂约束、机器人动力单元最大流量约束、机器人动力单元流量波动范围约束等。针对第 2 章机器人膝关节液压驱动单元的布置方式，将在第 6 章给出相应的边界和约束。

5.3.2　四足机器人关节铰点位置约束体系

在 5.3.1 节中，已对机器人腿部关节液压驱动单元铰点位置的边界、约束等进行了详细分析，并将其转化成相应的数学表达式，便于将铰点优化过程通过计算机程序判别。综合考虑上述液压驱动单元铰点位置的边界和约束，形成四足机器人关节铰点位置约束体系，如图 5.10 所示。

根据四足机器人关节铰点位置约束体系，不仅可判断并筛选符合边界条件、约束及性能的关节铰点位置，还可缩短计算机程序的运算时间，提高效率。

5.3.3　四足机器人关节铰点位置优化指标

在以实现机器人的轻量化为目标，并要求机器人各关节液压驱动单元和液压油源整体质量较小的情况下，机器人腿部关节液压驱动单元满足离机器人机身越远的液压驱动单元的质量越小。通过改变机器人腿部各关节液压驱动单元的铰点位置，可调整机器人各关节液压驱动单元出力与速度，以及各关节间的流量耦合关系，以实现机器人液压驱动系统减重，并优化其质量分配。

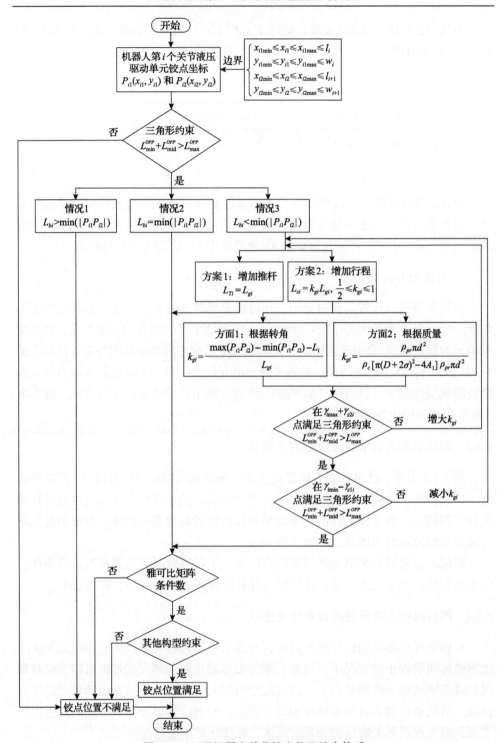

图 5.10　四足机器人关节铰点位置约束体系

由四足机器人结构特征可知，机器人四条腿的结构及构型相同。因此，仅需确定四足机器人一条腿各关节液压驱动单元铰点位置，以及对应情况下液压油源流量。

在 5.2.3 节中，推导了四足机器人液压驱动单元质量及液压油源质量的表达式，基于此，本节提出四足机器人关节铰点位置优化指标为

$$J_{hp} = \sum_{i=1}^{N} \alpha_i M_{di} + \beta M_p \tag{5.58}$$

其中，

$$\sum_{i=1}^{N} \alpha_i + \beta = 1 \tag{5.59}$$

式中，M_{di} 为机器人腿部第 i 个关节液压驱动单元的质量；α_i 为与机器人腿部第 i 个关节液压驱动单元质量相关的系数；M_p 为机器人整机液压油源的质量；β 为与机器人整机液压油源质量相关的系数。

在式 (5.58) 中，若增大 α_i，减小 β，则机器人液压油源质量增大，液压驱动单元质量减小；优化指标系数的确定，需综合考虑机器人整机质量需求、各关节液压驱动单元质量需求、机器人整体质量分布需求等。

5.3.4　四足机器人关节铰点位置优化算法

粒子群优化 (particle swarm optimization, PSO) 算法是由 Kennedy 等[109]于 1995 年提出，通过模拟鸟群觅食行为而发展起来的一种随机搜索算法。粒子群优化算法[110-112]是一种有效的全局寻优算法，是基于群体智能理论的优化算法，通过群体中粒子间的合作和竞争产生的群体智能指导优化搜索。与传统的进化算法相比，粒子群优化算法保留了基于种群的全局搜索策略，其采用的速度-位移模型操作简单，避免了复杂的遗传操作，它特有的记忆使其可以动态跟踪当前的搜索情况，以调整其搜索策略。每代种群中的解具有"自我"学习提高和向"他人"学习的双重优点，从而能在较少的迭代次数内找到最优解。

采用粒子群优化算法对四足机器人关节铰点位置进行寻优，并结合四足机器人关节铰点位置约束体系，获得基于粒子群优化的四足机器人关节轻量化铰点位置优化算法，如图 5.11 所示，其中，"粒子"表示四足机器人关节铰点位置，"适应度值"表示四足机器人关节铰点位置优化指标值。

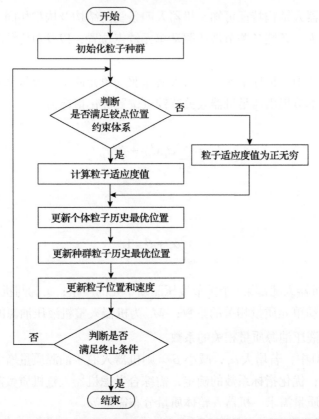

图 5.11 基于粒子群优化的四足机器人关节轻量化铰点位置优化算法

为更加清楚地描述该算法，将其分步解释如下：

(1)初始化粒子种群。设置种群规模、权重、学习因子等参数，根据粒子边界随机生成具有位置和速度信息的粒子作为初始种群。

(2)判断粒子位置信息。根据铰点位置约束体系，判断粒子位置是否满足约束条件，计算满足约束条件的粒子适应度值，将不满足约束条件的粒子适应度值设置为正无穷。

(3)更新个体粒子历史最优位置。对于每个粒子，将其当前的适应度值与个体历史最优位置对应的适应度值进行比较，如果当前位置更优，则将当前位置设为个体最优位置。

(4)更新种群粒子历史最优位置。对于每个粒子，将其当前的适应度值与全局最优位置对应的适应度值进行比较，如果当前位置适应度值更优，则将当前位置设为全局最优位置。

(5)更新粒子位置和速度。

(6)迭代终止。循环步骤(2)～步骤(5)，直至满足迭代终止条件。

5.4 四足机器人关节铰点位置优化示例

根据图 5.2 所示四足机器人腿部铰点位置坐标分布图,选取双关节作为分析对象,对铰点位置优化理论进行验证。双关节腿的参数和铰点位置约束如表 5.2 所示,其中,为了减少优化对象数目,方便优化后结果的对比分析,将腿部 2 个关节铰点位置的纵坐标均设置为 0mm。

表 5.2 双关节腿的参数和铰点位置约束

关节数 i	关节 D-H 角 γ_i /(°)		关节长度 l_i /mm	铰点 P_{i1} /mm		铰点 P_{i2} /mm	
	最小值	最大值		x_{i1}	y_{i1}	x_{i2}	y_{i2}
1	50	140	350	[0, 350]	0	[0, 175]	0
2	50	140	350	[0, 350]	0	[0, 175]	0
3	—	—	350	—	—	—	—

设 2 个关节具有相同的旋转型四象限负载特性,且负载转矩和负载转速分别为

$$\begin{cases} \tau_L = 172 \times \sin\left(2\pi t + \dfrac{\pi}{8}\right) + 32 \\ \omega_L = 10 \times \cos(2\pi t) + 2.5 \end{cases}, \quad t \in [0, 1\text{s}] \tag{5.60}$$

根据式 (5.60) 所示负载特性以及表 5.2 所示双关节腿的参数和铰点位置约束,选取不同组合的四足机器人关节铰点位置优化指标系数,利用图 5.11 所示关节铰点位置优化算法,获得不同铰点位置优化指标系数的液压驱动系统参数,如表 5.3 所示。

表 5.3 不同铰点位置优化指标系数的液压驱动系统参数

情况	铰点位置优化指标权重系数			关节 1 铰点位置/mm				关节 2 铰点位置/mm				液压驱动单元质量/kg		液压油源质量 M_f/kg	液压驱动系统质量 /kg
	α_1	α_2	β	x_{11}	y_{11}	x_{12}	y_{12}	x_{21}	y_{21}	x_{22}	y_{22}	M_{d1}	M_{d2}		
1	0.90	0.05	0.05	85	0	59	0	15.7	0	25	0	1.017	1.164	14.117	16.298
2	0.05	0.90	0.05	15.7	0	25	0	85.0	0	59	0	1.164	1.017	14.117	16.298
3	0.05	0.05	0.90	15.9	0	24	0	15.9	0	24	0	1.179	1.179	13.740	16.098
4	0.20	0.75	0.05	11.2	0	46	0	87.0	0	58	0	1.033	1.020	14.346	16.399

由表 5.3 可知,对比情况 1 和情况 2,两组指标中的液压油源质量系数相同,两个液压驱动单元质量系数对应相反(情况 1 指标中的 α_1 与情况 2 指标中的 α_2 相

等，情况 1 指标中的 α_2 与情况 2 指标中的 α_1 相等），粒子群优化算法收敛后，情况 1 和情况 2 的液压油源质量相等，液压驱动系统质量也相等，两个关节的铰点位置呈现对应相反，两个关节的液压驱动单元质量也对应相反；对比情况 2 和情况 4，两组指标中的液压油源系数相同，相较于情况 2，情况 4 中增大第 1 个关节液压驱动单元质量系数，减小第 2 个关节液压驱动单元质量系数，粒子群优化算法收敛后，情况 4 中的第 1 个液压驱动单元质量减小，第 2 个液压驱动单元质量增大，液压油源质量和液压驱动系统质量均增加；对比情况 1～情况 4，在铰点位置优化指标的 3 个系数中，当液压油源质量系数占比最大（情况 3），粒子群优化算法收敛后，对应的液压油源质量和液压驱动系统质量最小。

综上所述，基于粒子群优化的四足机器人关节轻量化铰点位置优化算法，能实现对液压驱动系统的质量寻优，减小液压驱动系统质量；通过调整铰点位置优化指标中的系数，能实现液压驱动系统的不同质量分布；针对四足机器人对液压驱动系统的质量分布需求，希望机器人液压驱动系统质量尽量小，允许适当增加液压油源质量和离机身近的液压驱动单元质量，以减小离机身远的液压驱动单元质量（对于表 5.3 中的 4 种情况，情况 2 的液压驱动系统质量分布更优）。

5.5 本章小结

本章针对串联铰接形式四足机器人单腿，建立了能表征其腿部关节铰点位置的通用数学模型，以描述机器人腿部关节铰点位置、直线型负载、旋转型负载间的映射关系；针对机器人腿部关节铰点位置，建立了铰点位置约束体系（包含位置约束、三角形约束、液压驱动单元行程约束、机器人腿部构型约束），以判断和筛选符合条件的铰点位置；提出了融合机器人腿部各关节液压驱动单元质量和液压油源质量的铰点位置优化指标，并采用粒子群优化算法，设计了基于粒子群优化的四足机器人关节轻量化铰点位置优化算法；对四足机器人双关节腿部铰点位置进行优化，结果表明：通过该算法可获得四足机器人腿部关节铰点位置，可实现四足机器人液压驱动系统进一步减重，并优化液压驱动系统的质量分布。本章所提算法是四足机器人液压驱动系统轻量化参数匹配方法的另一重要理论，可获得四足机器人腿部各关节的铰点位置。

第6章 四足机器人液压驱动系统轻量化
匹配设计方法

6.1 引　　言

通过第3章和第4章的液压四足机器人动力机构与负载的轻量化匹配方法可获得动力机构参数；通过第 5 章的液压四足机器人腿部关节轻量化铰点位置优化算法可获得液压四足机器人腿部各关节铰点位置。本章将对第 3 章、第 4 章和第 5 章介绍的理论成果进行有效融合，形成四足机器人液压驱动系统轻量化参数匹配方法，通过编写程序实现轻量化参数自动匹配和优化计算，并将其应用在 YYBZ 型四足机器人液压驱动系统匹配设计中。图 6.1 为本章主要内容与前述章节关系图。

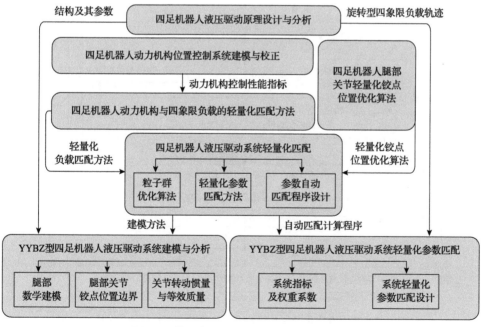

图 6.1　第 6 章主要内容与前述章节关系图

如图 6.1 所示，融合第 3 章、第 4 章和第 5 章的理论成果，采用粒子群优化算法，形成四足机器人液压驱动系统轻量化参数匹配方法，并设计相应的自动匹配程序；应用上述轻量化参数匹配方法和自动匹配程序，基于第 2 章所述 YYBZ 型四足机器人基本结构及参数、各关节旋转型四象限负载轨迹，对 YYBZ 型四足机器人液压驱动系统进行轻量化参数匹配，并根据获得的轻量化参数对液压驱动系统进行三维模型设计。

6.2 四足机器人液压驱动系统轻量化匹配

6.2.1 基于粒子群优化的轻量化参数匹配方法

综合前面章节内容的作用和逻辑关系，提出基于粒子群优化的四足机器人液压驱动系统轻量化参数匹配方法，如图 6.2 所示。

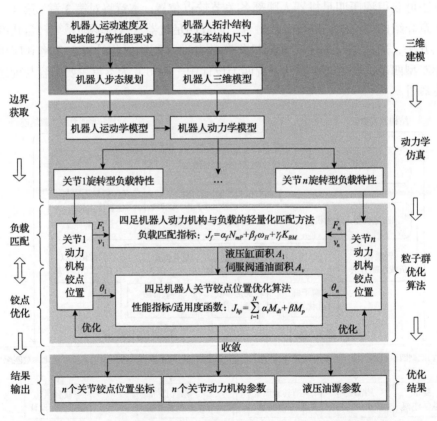

图 6.2 基于粒子群优化的四足机器人液压驱动系统轻量化参数匹配方法

根据机器人的基本结构，建立机器人的三维模型；搭建机器人动力学模型，并结合其运动需求，进行机器人动力学仿真，获取负载匹配和铰点优化的边界条件；利用粒子群优化算法，完成机器人关节铰点位置优化，并利用动力机构与负载参数，完成各关节动力机构与负载的匹配；待适应度函数收敛后，获得机器人关节铰点位置、液压驱动单元参数及液压油源流量。

　　将基于粒子群优化的四足机器人液压驱动系统轻量化参数匹配方法分为 6 个步骤进行详细说明，具体如下。

　　步骤 1：明确液压四足机器人设计要求，利用动力学仿真软件，获取机器人腿部各关节旋转型负载特性，具体过程如下。

　　(1) 根据液压四足机器人的设计要求，明确机器人的拓扑结构及基本结构尺寸，包括机器人外形尺寸、载重、自重、腿部关节自由度等；

　　(2) 根据机器人的拓扑结构及基本结构尺寸，初步建立机器人的三维模型；

　　(3) 根据机器人的三维模型，利用动力学仿真软件，建立机器人的动力学模型；

　　(4) 根据机器人的动力学模型，利用 2.3.3 节足端轨迹规划方法，进行不同步态的动力学仿真，获得机器人腿部各关节旋转型负载特性。

　　步骤 2：根据液压四足机器人腿部结构及其基本参数，建立机器人腿部铰点位置数学模型，推导各关节铰点位置、关节角度和关节驱动力臂三者之间的关系，具体过程如下。

　　(1) 根据机器人腿部结构及其基本参数，采用 5.2.1 节铰点位置数学建模方法，建立机器人腿部铰点位置数学模型；

　　(2) 根据机器人腿部铰点位置数学模型，建立机器人腿部各关节铰点位置、关节角度和关节驱动力臂间的关系，如式 (5.12) 所示。

　　步骤 3：根据液压四足机器人铰点位置约束体系，筛选符合条件的关节铰点位置，具体过程如下。

　　(1) 根据机器人腿部各关节构件的结构尺寸，确定各关节铰点位置的边界，详见 5.3.1 节；

　　(2) 根据各关节铰点位置的边界，依据 5.3.2 节的铰点位置约束体系，筛选获得满足条件的各关节铰点位置。

　　步骤 4：在满足条件的关节铰点位置下，计算各关节的直线型负载轨迹，利用轻量化负载匹配方法，获得各关节动力机构参数，具体过程如下。

　　(1) 在满足条件的关节铰点位置下，根据步骤 2 中的关节铰点位置、关节角度和关节驱动力臂三者间的关系，计算各关节的直线型负载轨迹；

　　(2) 根据机器人腿部各关节的直线型负载轨迹，结合 5.2.2 节液压驱动单元等效质量计算方法，并依据第 4 章动力机构与四象限负载的轻量化匹配方法，计算机器人腿部各关节液压驱动单元 (动力机构) 参数。

　　步骤 5：根据液压四足机器人腿部各关节液压驱动单元参数，依据质量公式计算各关节液压驱动单元质量和液压油源质量，具体过程如下。

　　(1) 根据机器人腿部关节液压驱动单元参数，依据 5.2.3 节液压驱动单元质量表达式，计算机器人腿部各关节液压驱动单元的质量；

（2）根据机器人腿部各关节液压驱动单元参数、各关节直线型负载速度和机器人步态，计算得到液压油源的流量曲线，并依据 5.2.3 节液压油源质量表达式，计算机器人液压油源质量。

步骤 6：根据液压四足机器人关节铰点位置优化指标，计算满足约束条件的指标值，待铰点位置优化指标收敛后，获得最优的关节铰点位置、液压驱动单元参数及液压油源流量曲线，具体过程如下。

（1）依据不同铰点位置下各关节液压驱动单元质量和液压油源质量，并根据5.3.3 节液压四足机器人关节铰点位置优化指标，计算不同铰点位置下的指标值；

（2）待粒子群优化算法收敛后，获得最优的关节铰点位置、液压驱动单元参数及液压油源流量曲线。

利用基于粒子群优化的四足机器人液压驱动系统轻量化参数匹配方法，通过调整各指标中的权重系数，可得到液压四足机器人各关节液压驱动单元质量和液压油源质量的不同分布结果。

6.2.2　基于粒子群优化的参数自动匹配程序设计

以粒子群优化算法为主程序框架，设计基于粒子群优化的四足机器人液压驱动系统轻量化参数匹配程序框架，如图 6.3 所示。

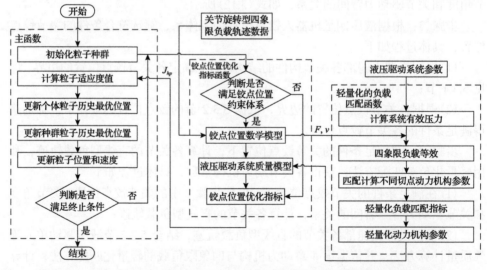

图 6.3　基于粒子群优化的四足机器人液压驱动系统轻量化参数匹配程序框架

基于粒子群优化的四足机器人液压驱动系统轻量化参数匹配程序框架主要包含 3 部分。

第 1 部分是以粒子群优化算法为框架的主函数，主要功能是产生随机粒子，根据铰点位置优化指标函数返回的适应度值，更新个体粒子历史最优位置和种群粒子历史最优位置，更新粒子位置和速度，并根据主函数循环次数和适应度值收敛情况，判断是否结束主函数。

第 2 部分是铰点位置优化指标函数，主要功能是基于主函数提供的粒子，根据铰点位置约束体判断粒子是否满足条件，若满足，则根据铰点位置数学模型计算关节直线型四象限负载轨迹，否则，直接设定该粒子对应的适应度值为正无穷大；根据液压驱动系统质量模型和轻量化负载匹配函数返回的轻量化动力机构参数，分别计算液压驱动单元质量和液压油源质量，并依据铰点位置优化指标计算指标值。

第 3 部分是轻量化的负载匹配函数，主要功能是根据液压驱动系统参数计算系统有效压力；利用四象限负载等效方法，对铰点位置优化指标函数提供的关节直线型四象限负载轨迹进行等效，以获得等效后的负载轨迹；根据等效后的负载轨迹，选取不同切点计算动力机构参数，并获得轻量化负载匹配指标；对轻量化负载匹配指标求极值，获得轻量化动力机构参数。

进一步，根据图 6.3 所示程序框架，采用 MATLAB 分别编写主函数、铰点位置优化指标函数和轻量化负载匹配函数，获得基于粒子群优化的四足机器人液压驱动系统轻量化参数匹配程序，如图 6.4 所示。

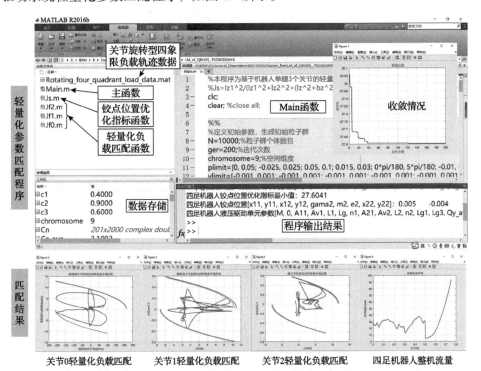

图 6.4　基于粒子群优化的四足机器人液压驱动系统轻量化参数匹配程序

该程序包含主函数"Main"、铰点位置优化指标函数"J_s"、轻量化负载匹配函数"J_{f0}、J_{f1}、J_{f2}"以及液压四足机器人在不同步态下进行动力学仿真获得的关节旋转型四象限负载轨迹数据文件"Rotating_four_quadrant_load_trajectory_data.mat"。其中，由于液压四足机器人腿部通常为 3 个主动自由度，所以轻量化负载匹配函数为 3 个。通过运行主程序，待粒子群优化算法收敛后，可获得对应的铰点位置、液压驱动单元参数和液压油源流量曲线。

6.3　YYBZ 型四足机器人液压驱动系统建模与分析

6.3.1　YYBZ 型四足机器人腿部数学建模

1. 髋关节数学建模

YYBZ 型四足机器人的腿部结构如图 2.6 所示。参照图 5.2 建立 YYBZ 型四足机器人腿部铰点位置坐标分布图，如图 6.5 所示。

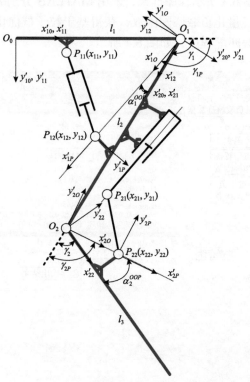

图 6.5　YYBZ 型四足机器人腿部铰点位置坐标分布图

由图 6.5 可知，YYBZ 型四足机器人腿部髋关节液压驱动单元采用两端铰接固定，对比图 5.2 所示液压四足机器人腿部铰点位置坐标分布图，由式(5.2)可知，P_{11} 在坐标系 x'_{10}-y'_{10} 中的坐标为

$$\begin{cases} X_{11} = x_{11} \\ Y_{11} = y_{11} \end{cases} \tag{6.1}$$

由式(5.6)可知，P_{12} 在坐标系 x'_{10}-y'_{10} 中的坐标为

$$\begin{cases} X_{12} = l_1 + c_{1P}\sqrt{x_{12}^2 + y_{12}^2} \\ Y_{12} = s_{1P}\sqrt{x_{12}^2 + y_{12}^2} \end{cases} \tag{6.2}$$

由式(5.7)可知，$P_{11}P_{12}$ 的长度为

$$\begin{aligned} |P_{11}P_{12}| &= \sqrt{(X_{11} - X_{12})^2 + (Y_{11} - Y_{12})^2} \\ &= \sqrt{\left[x_{11} - \left(l_1 + c_{1P}\sqrt{x_{12}^2 + y_{12}^2} \right) \right]^2 + \left[y_{11} - \left(s_{1P}\sqrt{x_{12}^2 + y_{12}^2} \right) \right]^2} \end{aligned} \tag{6.3}$$

由式(5.8)可知，液压四足机器人腿部髋关节液压驱动单元的行程为

$$L_1 = \max\left(|P_{11}P_{12}| \right) - \min\left(|P_{11}P_{12}| \right) \tag{6.4}$$

由式(5.12)可知，液压四足机器人腿部髋关节液压驱动单元的驱动力臂为

$$b_1 = |O_1 P_{11}| \sin \beta_1 \tag{6.5}$$

其中，

$$\begin{cases} |O_1 P_{11}| = \sqrt{(l_1 - x_{11})^2 + (0 - y_{11})^2} \\ |O_1 P_{12}| = \sqrt{x_{12}^2 + y_{12}^2} \\ \beta_1 = \arccos\left(\dfrac{|O_1 P_{11}|^2 + |P_{11}P_{12}|^2 - |O_1 P_{12}|^2}{2|O_1 P_{11}||P_{11}P_{12}|} \right) \end{cases} \tag{6.6}$$

由式(5.13)可知，液压四足机器人腿部髋关节直线型负载特性中的液压驱动单元出力为

$$F_1 = \frac{\tau_1}{b_1} \tag{6.7}$$

由式(5.14)可知，液压四足机器人腿部髋关节直线型负载特性中的液压驱动单元速度为

$$v_1 = \omega_1 b_1 \tag{6.8}$$

2. 膝关节数学建模

如图 6.5 所示，YYBZ 型四足机器人的膝关节液压驱动单元与机器人的大腿进行了融合设计，从而存在一个移动铰点 P_{21} 和一个固定铰点 P_{22}。为了将该结构形式进行详细描述，建立了 YYBZ 型四足机器人腿部膝关节坐标分布图，如图 6.6 所示。

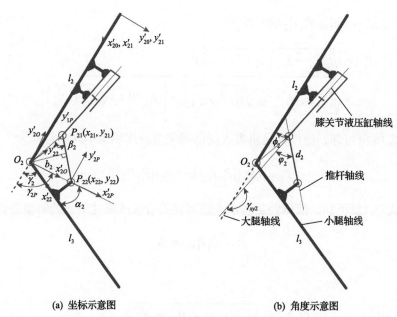

(a) 坐标示意图   (b) 角度示意图

图 6.6 YYBZ 型四足机器人腿部膝关节坐标分布图

选择的膝关节相关要素包括：固定铰点 P_{22} 在膝关节第二个局部坐标系下的坐标 $P_{22}(x_{22}, y_{22})$，膝关节液压驱动单元液压缸轴线在膝关节第一个局部坐标系下的方程 $y = (\tan \gamma_{xy2})x + m_2$，连接膝关节移动铰点 P_{21} 和固定铰点 P_{22} 的推杆长度 d_2。

由于膝关节全局坐标系 x'_{20}-y'_{20} 与其第一个局部坐标系重合，所以 P_{21} 在膝关节全局坐标系 x'_{20}-y'_{20} 中的坐标为

$$\begin{cases} X_{21} = x_{21} \\ Y_{21} = y_{21} \end{cases} \tag{6.9}$$

由于 P_{21} 始终在膝关节液压缸轴线上运动,所以 P_{21} 在膝关节全局坐标系 x'_{20} - y'_{20} 中满足

$$Y_{21} = X_{21} \tan \gamma_{xy2} + m_2, \quad -\frac{\pi}{2} \leqslant \gamma_{xy2} \leqslant \frac{\pi}{2} \tag{6.10}$$

由式(5.6)可知, P_{22} 在膝关节全局坐标系 x'_{20} - y'_{20} 中的坐标为

$$\begin{cases} X_{22} = l_2 + c_{2P} \sqrt{x_{22}^2 + y_{22}^2} \\ Y_{22} = s_{2P} \sqrt{x_{22}^2 + y_{22}^2} \end{cases} \tag{6.11}$$

根据式(6.9)和式(6.11),计算膝关节推杆长度 d_2 为

$$d_2 = |P_{21}P_{22}| = \sqrt{(X_{21} - X_{22})^2 + (Y_{21} - Y_{22})^2} \tag{6.12}$$

P_{21} 在膝关节全局坐标系中的坐标会随膝关节角度的变化而变化,最大关节角度和最小关节角度对应的坐标之间的距离为液压缸行程。其中, $\max(\gamma_2)$ 对应液压缸全缩回, $\min(\gamma_2)$ 对应液压缸全伸出。因此,液压四足机器人腿部膝关节液压驱动单元的行程为

$$L_2 = \sqrt{\left(X_{21}\big|_{\min(\gamma_2)} - X_{21}\big|_{\max(\gamma_2)}\right)^2 + \left(Y_{21}\big|_{\min(\gamma_2)} - Y_{21}\big|_{\max(\gamma_2)}\right)^2} \tag{6.13}$$

式中, $X_{21}\big|_{\min(\gamma_2)}$ 为 γ_2 最小时 P_{21} 在膝关节全局坐标系下的横坐标; $X_{21}\big|_{\max(\gamma_2)}$ 为 γ_2 最大时 P_{21} 在膝关节全局坐标系下的横坐标; $Y_{21}\big|_{\min(\gamma_2)}$ 为 γ_2 最小时 P_{21} 在膝关节全局坐标系下的纵坐标; $Y_{21}\big|_{\max(\gamma_2)}$ 为 γ_2 最大时 P_{21} 在膝关节全局坐标系下的纵坐标。

如图 6.6 所示,在 $\triangle O_2P_{21}P_{22}$ 中,计算该三角形的边长为

$$|O_2P_{21}| = \sqrt{(l_2 - X_{21})^2 + (0 - Y_{21})^2} \tag{6.14}$$

$$|O_2P_{22}| = \sqrt{x_{22}^2 + y_{22}^2} \tag{6.15}$$

在 $\triangle O_2P_{21}P_{22}$ 中,计算 β_2 为

$$\beta_2 = \arccos\left(\frac{|O_2P_{21}|^2 + |P_{21}P_{22}|^2 - |O_2P_{22}|^2}{2|O_2P_{21}||P_{21}P_{22}|}\right) \tag{6.16}$$

根据式(6.14)和式(6.16)，计算液压四足机器人腿部膝关节液压驱动单元的驱动力臂为

$$b_2 = |O_2 P_{21}| \sin \beta_2 \qquad (6.17)$$

若液压缸轴线与推杆轴线间的夹角为 φ_2，则液压四足机器人腿部膝关节直线型负载特性中的液压驱动单元出力为

$$F_2 = \frac{\tau_2}{b_2 \cos \varphi_2} \qquad (6.18)$$

液压四足机器人腿部膝关节直线型负载特性中的液压驱动单元速度为

$$v_2 = \frac{\omega_2 b_2}{\cos \varphi_2} \qquad (6.19)$$

设推杆轴线与膝关节全局坐标系中的 X 轴正向夹角为 ϕ_2，则根据 P_{21} 和 P_{22} 在膝关节全局坐标系中的坐标，计算 ϕ_2 为

$$\phi_2 = \begin{cases} \arctan\left(\dfrac{Y_{22} - Y_{21}}{X_{22} - X_{21}}\right) + \pi, & \dfrac{Y_{22} - Y_{21}}{X_{22} - X_{21}} < 0 \\[4mm] \arctan\left(\dfrac{Y_{22} - Y_{21}}{X_{22} - X_{21}}\right), & \dfrac{Y_{22} - Y_{21}}{X_{22} - X_{21}} \geqslant 0 \end{cases} \qquad (6.20)$$

膝关节液压缸轴线与膝关节全局坐标系中的 X 轴夹角为 γ_{xy2}，结合 ϕ_2，根据两个轴线之间的相对关系，可计算 φ_2 为

$$\varphi_2 = \begin{cases} \phi_2 + \pi - \gamma_{xy2}, & \pi/2 < \gamma_{xy2} < \pi \text{且} 0 < \phi_2 < \pi/2 \\ \phi_2 - \pi - \gamma_{xy2}, & 0 < \gamma_{xy2} < \pi/2 \text{且} \pi/2 < \phi_2 < \pi \\ \phi_2 - \gamma_{xy2}, & \text{其他} \end{cases} \qquad (6.21)$$

6.3.2　YYBZ 型四足机器人腿部关节铰点位置约束

1. 髋关节铰点位置约束

根据图 2.4 和图 6.5 所示液压四足机器人腿部结构，确定液压四足机器人腿部髋关节铰点位置约束，如图 6.7 所示。

根据液压四足机器人腿部髋关节铰点位置约束，考虑机器人腿部髋关节的尺寸限制及干涉情况，确定该型机器人腿部髋关节铰点位置约束为

$$\begin{cases} x_{11} = 0\text{mm} \\ -15\text{mm} \leqslant y_{11} \leqslant 15\text{mm} \\ 45\text{mm} \leqslant x_{12} \leqslant 60\text{mm} \\ 20\text{mm} \leqslant y_{12} \leqslant 30\text{mm} \end{cases} \tag{6.22}$$

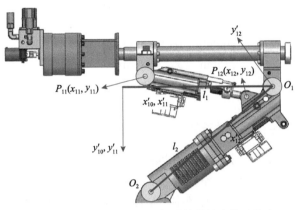

图 6.7　液压四足机器人腿部髋关节铰点位置约束

2. 膝关节铰点位置约束

同理，根据图 6.5 所示液压四足机器人腿部结构，可得液压四足机器人腿部膝关节铰点位置约束，如图 6.8 所示。

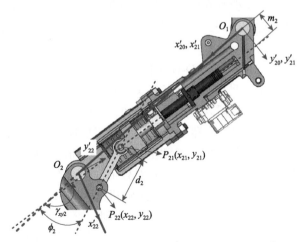

图 6.8　液压四足机器人腿部膝关节铰点位置约束

根据液压四足机器人腿部膝关节铰点位置约束，该液压缸和机器人大腿融为一体，液压驱动单元出力和速度通过推杆转化为膝关节的转矩和转速。考虑机器人腿部膝关节的尺寸限制，且避免干涉情况，并根据膝关节液压缸轴线在膝关节第 1 个铰点局部坐标系中的相对位置，确定该型机器人腿部膝关节铰点位置约束为

$$\begin{cases} -\dfrac{6.5}{180}\pi\text{rad} \leqslant \gamma_{xy2} \leqslant -\dfrac{4.2}{180}\pi\text{rad} \\ 20\text{mm} \leqslant m_2 \leqslant 35\text{mm} \\ 65\text{mm} \leqslant d_2 \leqslant 75\text{mm} \\ 35\text{mm} \leqslant x_{22} \leqslant 45\text{mm} \\ 10\text{mm} \leqslant y_{22} \leqslant 20\text{mm} \end{cases} \tag{6.23}$$

6.3.3　YYBZ 型四足机器人关节转动惯量与等效质量

如 5.2.2 节所述，为了计算轻量化匹配指标中系统校正后的液压固有频率，需计算液压四足机器人足端运动空间内各关节液压驱动单元的等效质量，并根据其中最大等效质量来计算液压固有频率，从而完成动力机构与四象限负载的轻量化匹配。

1. 足端运动空间

液压四足机器人足端运动空间决定着其运动性能、越障能力和爬坡能力等，是规划机器人足端轨迹的先决条件。同样，若机器人腿部处于不同状态，则其转动惯量和各关节等效质量会存在较大差异。因此，有必要根据各关节运动角度范围，推导机器人足端运动空间，以获得腿部不同状态下的转动惯量和各关节等效质量。

根据图 2.19 中建立的机器人 D-H 坐标系，以 O_{20} 为坐标原点建立机器人腿部基坐标系，结合表 2.3 中四足机器人腿部各关节运动 D-H 角度范围，利用 MATLAB 编程计算，得到液压四足机器人足端运动空间，如图 6.9 所示。

由图 6.9 可见，液压四足机器人足端运动空间呈现"月牙"形，但在机器人实际运动过程中，规划的足端轨迹通常呈现"馒头"形，如图 2.20 和图 2.21 所示，其余部分的足端运动空间使用频次相对较低，通常在机器人爬坡、越障等低速步态中才会使用；另外，等效质量直接影响机器人关节液压驱动单元的液压固有频率，主要是限制机器人的高速步态性能。因此，在研究机器人腿部各关节液压驱动单元的等效质量过程中，应重点考虑"馒头"形足端轨迹中的等效质量。以液压四足机器人 6km/h Trot 步态足端轨迹为例，根据 2.3.3 节中的足端轨迹规划方法，获得液压四足机器人足端运动空间及 6km/h Trot 步态足端轨迹，如图 6.10 所示。

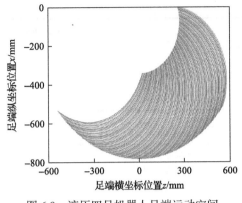

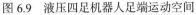

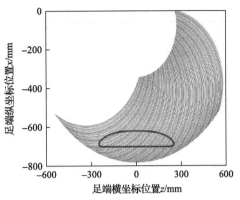

图 6.9　液压四足机器人足端运动空间　　图 6.10　液压四足机器人足端运动空间及
　　　　　　　　　　　　　　　　　　　　　　　6km/h Trot 步态足端轨迹

2. 髋横摆关节转动惯量

如图 5.3 和图 5.4 所示，将液压四足机器人腿部各构件等效成集中质量模型，并初步拟定各构件质量及分布状态，以计算液压四足机器人各关节等效质量。在液压四足机器人对角站立姿态下，将机身质量等效至对角线上的两条腿上，称为基座构件质量。表 6.1 为液压四足机器人关节构件等效质量及绕自身质心的转动惯量，表 6.2 为液压四足机器人关节构件质心至相邻关节的距离，表 6.3 为液压四足机器人关节构件质心至相邻关节的夹角。

表 6.1　液压四足机器人关节构件等效质量及绕自身质心的转动惯量

构件名称		数值
基座构件	转动惯量 $J_0/(\text{kg·m}^2)$	11.097
	等效质量 m_0/kg	67.4
横摆构件	转动惯量 $J_1/(\text{kg·m}^2)$	0.216
	等效质量 m_1/kg	5.3
大腿构件	转动惯量 $J_2/(\text{kg·m}^2)$	0.045
	等效质量 m_2/kg	4.0
小腿构件	转动惯量 $J_3/(\text{kg·m}^2)$	0.030
	等效质量 m_3/kg	2.0

表 6.2　液压四足机器人关节构件质心至相邻关节的距离

构件名称		数值/mm
髋纵摆关节	基座构件质心至髋纵摆关节的距离 l_{10}	595
	横摆构件质心至髋纵摆关节的距离 l_{11}	319

	构件名称	数值/mm
髋纵摆关节	大腿构件质心至髋纵摆关节的距离 l_{12}	214
膝关节	大腿构件质心至膝关节的距离 l_{22}	149
	小腿构件质心至膝关节的距离 l_{23}	214

表 6.3 液压四足机器人关节构件质心至相邻关节的夹角

角度名称	基座构件质心和髋关节的连线与水平线的夹角 α_0^C	横摆构件质心和髋关节的连线与水平线的夹角 α_1^C	大腿构件质心和髋关节的连线与大腿轴线的夹角 α_2^C	小腿构件质心和膝关节的连线与小腿轴线的夹角 α_3^C
数值/rad	0.0495	0.2356	0.0763	0.0157

YYBZ 型四足机器人的横摆关节采用阀控摆缸形式的动力机构,纵摆关节采用阀控液压缸形式的动力机构,需分别计算横摆关节转动惯量和纵摆关节等效质量。

由转动惯量的定义可知,对于横摆关节,机器人腿部某一构件(大腿、小腿)自身的转动惯量,等于平行于横摆轴且穿过其质心的轴的转动惯量。但由于机器人在运动过程中,腿部时刻处于不同状态,所以同一构件不同状态的转动惯量不同,难以将机器人腿部所有状态下的等效质量全部计算出来。另外,由于髋横摆关节采用的是阀控摆缸形式的动力机构,不需要铰点优化,只需要进行负载匹配,所以在实际匹配过程中,更关心的是机器人横摆关节的最大转动惯量。

将单腿作为一个整体,由转动惯量的定义可知,当足端离横摆轴最远时,横摆关节的转动惯量最大。表 6.4 为液压四足机器人髋横摆关节最大转动惯量及其对应状态。

表 6.4 液压四足机器人髋横摆关节最大转动惯量及其对应状态

步态	最大转动惯量/(kg·m²)	腿部状态/rad	
		髋纵摆关节 D-H 角	膝纵摆关节 D-H 角
摆动相	1.109	−0.319	0.594
着地相	4.584	—	—

3. 摆动相液压驱动单元等效质量

对液压四足机器人纵摆关节而言,其各关节铰点位置是待优化量,而同一关节的不同铰点位置会影响液压驱动单元的等效质量。基于此,在 6.3.2 节中确定的关节铰点位置约束下,基于 6.3.1 节建立的液压四足机器人腿部数学模型,编写求解关节转动惯量和液压驱动单元等效质量的程序，以获得各关节最大的等效质量及其对应的铰点位置。由图 6.5 和图 6.6 可知，在液压四足机器人腿部数学建模过程中的关节指的是纵摆方向关节，因此在以下推导液压四足机器人各关节液压驱动单元等效质量时，下角标为 1 代表髋纵摆关节，下角标为 2 代表膝关节。

1) 摆动相髋纵摆关节液压驱动单元等效质量

机器人摆动相髋纵摆关节液压驱动单元等效质量的计算公式为

$$m_{ks1} = J_{ks1}\left(\frac{\omega_1}{v_1}\right)^2 = \frac{J_{ks1}}{b_1^2} = \frac{J_2 + J_3 + m_2 l_{12}^2 + m_3 l_{13}^2}{b_1^2} \tag{6.24}$$

式中，J_{ks1} 为髋纵摆关节以下构件绕髋纵摆关节的转动惯量；ω_1 为髋纵摆关节转速；v_1 为髋纵摆关节液压驱动单元活塞速度；b_1 为髋纵摆关节力臂；J_2 为大腿构件绕其质心的转动惯量；J_3 为小腿构件绕其质心的转动惯量；m_2 为大腿构件的质量；m_3 为小腿构件的质量；l_{12} 为大腿构件质心至髋纵摆关节的距离；l_{13} 为小腿构件质心至髋纵摆关节的距离。

在式 (6.24) 中，J_2、J_3、m_2、m_3 和 l_{12} 均为定值，具体如表 6.1 和表 6.2 所示，b_1 可根据式 (6.5) 计算，l_{13} 随机器人腿部状态的改变而变化，其计算表达式为

$$l_{13} = \sqrt{l_2^2 + l_{23}^2 + 2l_2 l_{23} \cos\left(\gamma_2 - \alpha_3^C\right)} \tag{6.25}$$

式中，l_2 为大腿长度；l_{23} 为小腿构件质心至膝关节的距离；γ_2 为膝关节 D-H 角；α_3^C 为小腿构件质心和膝关节的连线与小腿轴线的夹角。

根据式 (6.5)、式 (6.24) 和式 (6.25)，编写求解摆动相髋纵摆关节转动惯量和液压驱动单元等效质量的程序，获得摆动相髋纵摆关节液压驱动单元最大等效质量的铰点位置 (表 6.5)，以及摆动相髋纵摆关节转动惯量及液压驱动单元等效质量 (图 6.11)。

表 6.5　摆动相髋纵摆关节液压驱动单元最大等效质量的铰点位置

类别	铰点 1 坐标	铰点 2 坐标
髋纵摆关节	(0mm, −11mm)	(57mm, 20mm)

对比图 6.11 (a) 和图 6.11 (b) 可知，由于髋纵摆关节力臂的影响，其等效质量变化相对较大；根据图 6.11，可获得在足端运动空间和如图 6.10 所示的足端轨迹内，摆动相髋纵摆关节极值转动惯量和液压驱动单元极值等效质量，如表 6.6 所示。

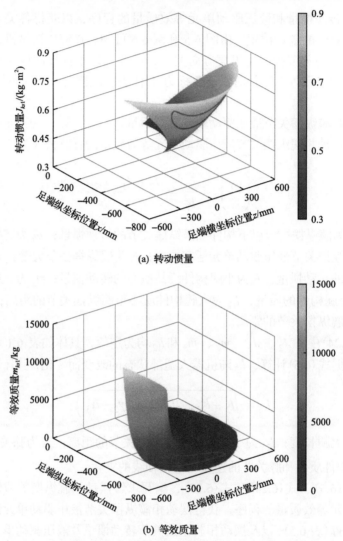

(a) 转动惯量

(b) 等效质量

图 6.11　摆动相髋纵摆关节转动惯量及液压驱动单元等效质量

表 6.6　摆动相髋纵摆关节极值转动惯量和液压驱动单元极值等效质量

类别		最小值	最大值
转动惯量/(kg·m²)	足端运动空间内	0.379	0.827
	足端轨迹内	0.617	0.773
等效质量/kg	足端运动空间内	103.7	13551.7
	足端轨迹内	213.7	1339.2

由图 6.11 和表 6.6 可知,摆动相髋纵摆关节足端轨迹内的(−204mm, −648mm)

点等效质量最大为 1339.2kg，足端轨迹内的(232mm, –663mm)点等效质量最小为 213.7kg。

2) 摆动相膝关节液压驱动单元等效质量

同上述摆动相髋纵摆关节液压驱动单元等效质量计算方法，得到液压四足机器人摆动相膝关节液压驱动单元等效质量的计算公式为

$$m_{ks2} = J_{ks2}\left(\frac{\omega_2}{v_2}\right)^2 = \frac{J_{ks2}}{b_2^2} = \frac{J_3 + m_3 l_{23}^2}{b_2^2} \tag{6.26}$$

式中，J_{ks2} 为膝关节以下构件绕膝关节的转动惯量；ω_2 为膝关节转速；v_2 为膝关节液压驱动单元活塞速度；b_2 为膝关节力臂。

在式(6.26)中，J_3、m_3 和 l_{23} 均为定值，且 b_2 可根据式(6.17)进行计算。根据式(6.17)和式(6.26)，编写求解摆动相膝关节转动惯量和等效质量的程序。程序运行后将显示计算结果，获得摆动相膝关节最大等效质量的铰点位置(表6.7)、摆动相膝关节转动惯量(图6.12)以及摆动相膝关节等效质量(图6.13)。

由式(6.26)和图6.12可知，摆动相膝关节转动惯量是恒值，为 0.115kg·m^2；对比图6.12和图6.13可知，由于小腿状态不同会影响膝关节力臂，所以其等效质量并非恒值；根据图6.12和图6.13，可获得在足端运动空间和如图6.10所示的足端轨迹内，摆动相膝关节极值转动惯量和液压驱动单元极值等效质量，如表6.8所示。

表 6.7　摆动相膝关节最大等效质量的铰点位置

类别	铰点 1 坐标	铰点 2 坐标
膝关节	(–0.075rad, 32mm, 75mm)	(35mm, 19mm)

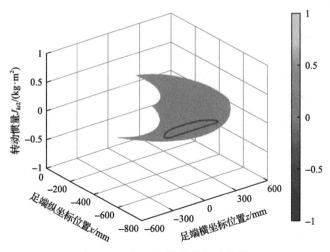

图 6.12　摆动相膝关节转动惯量

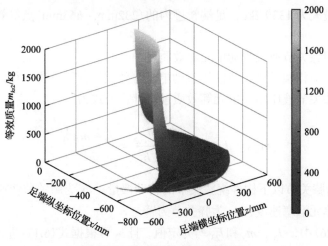

图 6.13   摆动相膝关节等效质量

表 6.8   摆动相膝关节极值转动惯量和液压驱动单元极值等效质量

类别		最小值	最大值
转动惯量/(kg·m²)	足端运动空间内	0.115	0.115
	足端轨迹内	0.115	0.115
等效质量/kg	足端运动空间内	59.1	1861.3
	足端轨迹内	59.1	83.0

由图 6.13 和表 6.8 可知,摆动相膝关节足端轨迹内的(−247mm, −694mm)点等效质量最大为 83.0kg,足端轨迹内的(−131mm, −627mm)点等效质量最小为 59.1kg。

4. 着地相液压驱动单元等效质量

液压四足机器人着地相是机器人足端着地,机器人腿部及机身绕足端平动。与计算摆动相机器人各关节等效质量/转动惯量不同,此时不仅要考虑机器人腿部质量,还要考虑机器人机身质量的影响。

1) 着地相髋纵摆关节液压驱动单元等效质量

液压四足机器人着地相髋纵摆关节液压驱动单元等效质量的计算公式为

$$m_{kl1} = J_{kl1}\left(\frac{\omega_1}{v_1}\right)^2 = \frac{J_{kl1}}{b_1^2} = \frac{J_0 + J_1 + m_0 l_{10}^2 + m_1 l_{11}^2}{b_1^2} \tag{6.27}$$

式中,J_{kl1} 为髋纵摆关节以上构件绕髋纵摆关节的转动惯量;J_0 为基座构件绕其质心的转动惯量;J_1 为横摆关节构件绕其质心的转动惯量;m_0 为基座构件的质量;m_1 为横摆关节构件的质量;l_{10} 为基座构件质心至髋纵摆关节的距离;l_{11} 为横摆关节构件质心至髋纵摆关节的距离。

在式(6.27)中，J_0、J_1、m_0、m_1、l_{10} 和 l_{11} 均为定值，具体如表 6.1 和表 6.2 所示，b_1 可根据式(6.5)进行计算。根据式(6.5)和式(6.27)，编写求解着地相髋纵摆关节转动惯量和等效质量的程序。程序运行后显示计算结果，获得着地相髋纵摆关节最大等效质量的铰点位置(表 6.9)，以及着地相髋纵摆关节转动惯量及等效质量(图 6.14)。

表 6.9　着地相髋纵摆关节最大等效质量的铰点位置

类别	铰点 1 坐标	铰点 2 坐标
髋纵摆关节	(0mm, −11mm)	(57mm, 20mm)

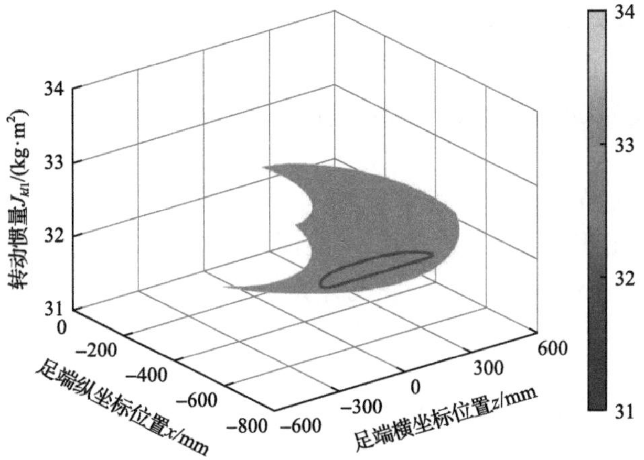

(a) 转动惯量

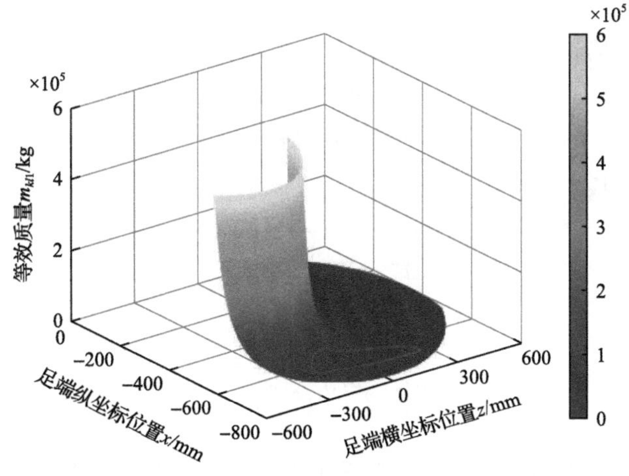

(b) 等效质量

图 6.14　着地相髋纵摆关节转动惯量及等效质量

由式(6.27)和图6.14可知,着地相髋纵摆关节转动惯量是恒值,为32.184kg·m²;对比图 6.14(a)和(b)可知,由于着地相髋纵摆关节力臂的影响,其等效质量并非恒值。根据图6.14,可获得在足端运动空间和图6.10所示足端轨迹内的着地相髋纵摆关节极值转动惯量和液压驱动单元极值等效质量,如表6.10所示。

表 6.10　着地相髋纵摆关节极值转动惯量和液压驱动单元极值等效质量

类别		最小值	最大值
转动惯量/(kg·m²)	足端运动空间内	32.184	32.184
	足端轨迹内	32.184	32.184
等效质量/kg	足端运动空间内	8820.0	527126.2
	足端轨迹内	9055.9	64118.2

由图6.14和表6.10可知,着地相髋纵摆关节足端轨迹内的(−178mm, −638mm)点等效质量最大为64118.2kg,足端轨迹内的(248mm, −693mm)点等效质量最小为9055.9kg。

2)着地相膝关节液压驱动单元等效质量

同上述着地相髋纵摆关节液压驱动单元等效质量计算方法,液压四足机器人着地相膝关节液压驱动单元等效质量的计算公式为

$$m_{kl2} = J_{kl2} \left(\frac{\omega_2}{v_2} \right)^2 = \frac{J_{kl2}}{b_2^2} = \frac{J_0 + J_1 + J_2 + m_0 l_{20}^2 + m_1 l_{21}^2 + m_2 l_{22}^2}{b_2^2} \tag{6.28}$$

式中,J_{kl2} 为膝关节以上构件绕膝关节的转动惯量;J_2 为大腿构件转动惯量;m_2 为大腿构件等效质量;l_{20} 为基座构件质心至膝关节的距离;l_{21} 为横摆关节构件质心至膝关节的距离;l_{22} 为大腿构件质心至膝关节的距离。

在式(6.28)中,J_0、J_1、J_2、m_0、m_1、m_2 和 l_{22} 均为定值,具体如表 6.1 和表6.2所示,且 b_2 可根据式(6.17)进行计算,l_{20} 和 l_{21} 会随液压四足机器人腿部状态的改变而变化,其表达式为

$$l_{20} = \sqrt{l_{10}^2 + l_2^2 - 2l_2 l_{10} \cos\left(\frac{\pi}{2} + \gamma_1 + \alpha_0^C \right)} \tag{6.29}$$

$$l_{21} = \sqrt{l_{11}^2 + l_2^2 - 2l_2 l_{11} \cos\left(\frac{\pi}{2} + \gamma_1 + \alpha_1^C \right)} \tag{6.30}$$

式中,l_{10} 为基座构件质心至髋纵摆关节的距离;l_{11} 为横摆构件质心至髋纵摆关节的距离;γ_1 为髋纵摆关节 D-H 角;α_0^C 为基座构件质心和髋纵摆关节的连线与水

平线的夹角；α_1^C 为横摆构件质心和髋纵摆关节的连线与水平线的夹角。

　　根据式(6.17)和式(6.28)~式(6.30)，编写求解着地相膝关节转动惯量和等效质量的程序。程序运行后显示计算结果，获得着地相膝关节最大等效质量的铰点位置(表6.11)、着地相膝关节转动惯量(图6.15)以及着地相膝关节等效质量(图6.16)。

表 6.11　着地相膝关节最大等效质量的铰点位置

类别	铰点 1 坐标	铰点 2 坐标
膝关节	(–0.075rad, 32mm, 75mm)	(35mm, 19mm)

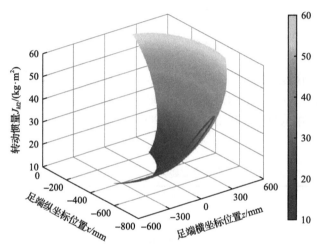

图 6.15　着地相膝关节转动惯量

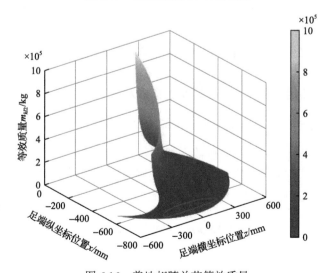

图 6.16　着地相膝关节等效质量

根据图 6.15 和图 6.16，可获得足端运动空间和图 6.10 所示足端轨迹内的着地相膝关节极值转动惯量和液压驱动单元极值等效质量，如表 6.12 所示。

表 6.12　着地相膝关节极值转动惯量和液压驱动单元极值等效质量

类别		最小值	最大值
转动惯量/(kg·m²)	足端运动空间内	17.295	56.211
	足端轨迹内	20.027	40.351
等效质量/kg	足端运动空间内	8928.4	913604.4
	足端轨迹内	10389.3	29034.1

由图 6.16 和表 6.12 可知，着地相膝关节足端轨迹内的(248mm, −693mm)点等效质量最大为 29034.1kg，足端轨迹内的(−154mm, −632mm)点等效质量最小为 10389.3kg。

综上所述，在液压四足机器人摆动相和着地相中，以最大转动惯量/等效质量计算轻量化匹配指标中的液压固有频率，以保证液压四足机器人在整个运动状态下均具有较好的响应速度。表 6.13 为液压四足机器人关节最大转动惯量/等效质量及其腿部状态。

表 6.13　液压四足机器人关节最大转动惯量/等效质量及其腿部状态

类别	最大转动惯量/等效质量	腿部状态
髋横摆关节	4.584kg·m²	着地相
髋纵摆关节	64118.2kg	着地相
膝关节	29034.1kg	着地相

6.4　YYBZ 型四足机器人液压驱动系统轻量化参数匹配

6.4.1　YYBZ 型四足机器人液压驱动系统指标及权重系数

1. 动力机构与负载的轻量化匹配指标及权重系数

在 6.3.3 节获得了液压四足机器人腿部各关节液压驱动单元的最大转动惯量/等效质量，结合式(4.42)，确定液压四足机器人腿部髋横摆关节、髋纵摆关节和膝关节动力机构与四象限负载的轻量化匹配指标为

$$J_{fi} = \alpha_{fi} P_{mPi} + \beta_{fi} \omega_{Hi} + \gamma_{fi} K_{BMi} \tag{6.31}$$

其中，

$$\alpha_{fi} + \beta_{fi} + \gamma_{fi} = 1 \tag{6.32}$$

在式(6.31)和式(6.32)中，$i=1,2,3$ 分别表示液压四足机器人腿部髋横摆关节、髋纵摆关节和膝关节。

对于动力机构与四象限负载的轻量化匹配，其面临的一个基本问题为：如何合理地选择轻量化匹配指标中的权重系数，即如何确定式(6.32)中的系数。尽管不同的权重系数都可以使轻量化匹配指标达到最优，但是选取不同的权重系数将会使匹配获得的动力机构具有不同的质量和性能。与二次型最优控制相似，目前并无确切的公式能确定动力机构性能与功率之间的比例关系。本节采用统计综合评价方法中的序关系分析法[113-115]来确定轻量化负载匹配指标中的权重系数，具体包括以下步骤：

(1)确定最大需求功率和控制性能的序关系。

动力机构与四象限负载的轻量化匹配指标中包含动力机构的最大需求功率、校正后的系统固有频率和最小闭环刚度，将校正后的系统固有频率和最小闭环刚度称为控制性能指标，用 C_P 表示。由于本书的侧重点是轻量化，所以确定最大需求功率和控制性能指标的序关系为

$$P_{mP} \succ C_P \tag{6.33}$$

为了符合序关系分析法的表达习惯，采用 x_1^* 表示 P_{mP}，x_2^* 表示 C_P。因此，式(6.33)确定的序关系可进一步表示为

$$x_1^* \succ x_2^* \tag{6.34}$$

(2)确定最大需求功率和控制性能指标的相对重要性程度。

设 x_1^* 与 x_2^* 的重要性程度之比为

$$\frac{\omega_1^*}{\omega_2^*} = r_2 \tag{6.35}$$

其中，式(6.35)的重要性程度之比的赋值参考如表 6.14 所示。

表 6.14　重要性程度之比的赋值参考

r_k	说明
1.0	因素 x_{k-1}^* 与因素 x_k^* 具有相同重要性
1.2	因素 x_{k-1}^* 比因素 x_k^* 稍微重要
1.4	因素 x_{k-1}^* 比因素 x_k^* 明显重要
1.6	因素 x_{k-1}^* 比因素 x_k^* 强烈重要
1.8	因素 x_{k-1}^* 比因素 x_k^* 极端重要

(3)确定控制性能指标间的序关系。

控制性能指标包括校正后的系统固有频率和最小闭环刚度，确定校正后的系统固有频率和最小闭环刚度的序关系为

$$\omega_H \succ K_{BM} \tag{6.36}$$

同理，为了符合序关系分析法的表达习惯，采用 x_3^* 表示 ω_H，x_4^* 表示 K_{BM}。因此，式(6.36)确定的序关系可进一步表示为

$$x_3^* \succ x_4^* \tag{6.37}$$

(4)确定控制性能指标间的相对重要性程度。

设 x_3^* 与 x_4^* 的重要性程度之比为

$$\frac{\omega_3^*}{\omega_4^*} = r_4 \tag{6.38}$$

其中，式(6.38)的重要性程度之比的赋值可参考表6.14。

(5)计算权重系数。

根据式(6.35)和式(6.38)，计算轻量化负载匹配指标中相邻因素间的相对重要性程度为

$$\begin{cases} \omega_2^* = \dfrac{1}{1+r_2} \\ \omega_1^* = \omega_2^* r_2 \\ \omega_4^* = \omega_2^* \dfrac{1}{1+r_4} \\ \omega_3^* = \omega_4^* r_4 \end{cases} \tag{6.39}$$

根据式(6.39)，计算动力机构与四象限负载的轻量化匹配指标中的权重系数为

$$\begin{cases} \alpha_f = \omega_1^* = \omega_2^* r_2 = \dfrac{r_2}{1+r_2} \\ \beta_f = \omega_3^* = \omega_4^* r_4 = \dfrac{r_4}{(1+r_2)(1+r_4)} \\ \gamma_f = \omega_4^* = \omega_2^* \dfrac{1}{1+r_4} = \dfrac{1}{(1+r_2)(1+r_4)} \end{cases} \tag{6.40}$$

2. 关节铰点位置优化指标及权重系数

确定液压四足机器人关节铰点位置优化指标为

$$J_{hp} = \sum_{i=2}^{3} \alpha_i M_{di} + \beta M_p \tag{6.41}$$

其中，

$$\sum_{i=2}^{3} \alpha_i + \beta = 1 \tag{6.42}$$

在式(6.41)和式(6.42)中，$i = 2,3$ 分别表示机器人腿部髋纵摆关节和膝关节。

图 6.17 为液压四足机器人站立姿态示意图。在该姿态下，可根据腿部各关节液压驱动单元(看作质点)对质心的转动惯量和液压油源(非质点)对质心的转动惯量计算式(6.41)中的权重系数。

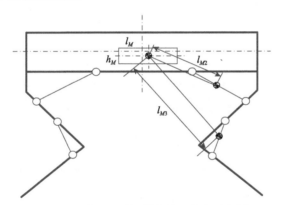

图 6.17　液压四足机器人站立姿态示意图

根据图 6.17 所示液压四足机器人站立姿态示意图，计算上述各权重系数为

$$\begin{cases} \alpha_i = \dfrac{l_{Mi}^2}{\displaystyle\sum_{i=2}^{3} l_{Mi}^2 + \dfrac{1}{12}\left(l_M^2 + h_M\right)} \\[4ex] \beta = \dfrac{\dfrac{1}{12}\left(l_{Mi}^2 + h_M\right)}{\displaystyle\sum_{i=2}^{3} l_{Mi}^2 + \dfrac{1}{12}\left(l_M^2 + h_M\right)} \end{cases} \tag{6.43}$$

式中，l_{M2} 为髋纵摆关节液压驱动单元质心至液压油源质心的距离；l_{M3} 为膝关节液压驱动单元质心至液压油源质心的距离；l_M 为液压油源的长度；h_M 为液压油源的高度。

6.4.2　YYBZ 型四足机器人液压驱动系统轻量化参数匹配设计

1. 液压驱动系统指标参数

根据 6.4.1 节 YYBZ 型四足机器人液压驱动系统轻量化指标权重系数计算方法，结合第 2 章 YYBZ 型四足机器人基本结构尺寸，确定动力机构与四象限负载的轻量化匹配指标参数，如表 6.15 所示，以及 YYBZ 型四足机器人关节铰点位置优化指标参数，如表 6.16 所示。

表 6.15　YYBZ 型四足机器人动力机构与四象限负载的轻量化匹配指标参数

关节数	相邻因素间相对重要性程度		轻量化匹配指标的权重系数		
	r_2	r_4	α_{fi}	β_{fi}	γ_{fi}
$i = 1$	1.2	1	0.5454	0.2273	0.2273
$i = 2$	1.2	1	0.5454	0.2273	0.2273
$i = 3$	1.4	1	0.5834	0.2083	0.2083

表 6.16　YYBZ 型四足机器人关节铰点位置优化指标参数

参数	机器人站立姿态参数/mm				关节铰点位置优化指标的权重系数		
	l_M	h_M	l_{M2}	l_{M3}	α_2	α_3	β
数值	253	341	453	613	0.34	0.63	0.03

2. 液压驱动系统轻量化参数匹配结果

根据图 6.4 所示基于粒子群优化的四足机器人液压驱动系统轻量化参数匹配程序，以表 6.15 和表 6.16 中的参数为 YYBZ 型四足机器人液压驱动系统轻量化参数匹配方法的指标权重系数，在式 (6.22) 和式 (6.23) 所示关节铰点位置约束条件下，匹配 YYBZ 型四足机器人液压驱动系统参数。

为避免陷入局部最优解，在对粒子群优化算法进行改进的基础上，本节以10000 粒子数和 200 迭代次数进行 100 次的重复计算，粒子群优化算法计算的适应度值如图 6.18 所示。

可见，当粒子群计算次数为 14 次时，粒子群适应度值最小为 1.9840；当粒子群计算次数为 64 次时，粒子群适应度值最大为 2.0600。其中，最大/最小适应度值对应的粒子位置如表 6.17 所示。

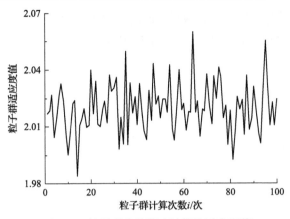

图 6.18　粒子群优化算法计算的适应度值

表 6.17　图 6.18 中最大/最小适应度值对应的粒子位置

	粒子位置		x_{11} /mm	y_{11} /mm	x_{12} /mm	y_{12} /mm	γ_{xy2} /rad	m_2 /mm	d_2 /mm	x_{22} /mm	y_{22} /mm
适应	最小	1.9840	0	−10	60	21	−0.073	34	75	36	20
度值	最大	2.0600	0	−8	59	21	−0.075	33	73	39	19

经统计，获得图 6.18 中粒子最大位置和最小位置，如表 6.18 所示。

表 6.18　图 6.18 中粒子最大位置和最小位置

粒子位置	x_{11} /mm	y_{11} /mm	x_{12} /mm	y_{12} /mm	γ_{xy2} /rad	m_2 /mm	d_2 /mm	x_{22} /mm	y_{22} /mm
最小位置	0	−14	57	20	−0.081	32	70	35	17
最大位置	0	−4	60	22	−0.073	35	75	39	20

根据表 6.18 中粒子最大位置和最小位置，并结合 YYBZ 型四足机器人腿部构型设计过程中的实际约束，确定机器人腿部髋纵摆关节和膝关节液压驱动单元的铰点位置，并对液压驱动单元参数进行修正，得到 YYBZ 型四足机器人液压驱动系统参数，如表 6.19 所示。

表 6.19　YYBZ 型四足机器人液压驱动系统参数

类别	髋横摆关节	髋纵摆关节	膝关节
铰点 1 坐标	—	(0mm, −13mm)	(−0.078rad, 35mm, 75mm)
铰点 2 坐标	—	(58mm, 20mm)	(38mm, 17mm)
摆缸排量/液压缸活塞直径	0.21cm³/(°)	25mm	25mm
液压缸活塞杆直径	—	14mm	14mm
伺服阀空载流量	20L/min	20L/min	20L/min
摆缸角度范围/液压缸行程	250°	85mm	65mm

相应地, 粒子群优化算法收敛后, 同时获得 YYBZ 型四足机器人液压油源流量曲线, 如图 6.19 所示, 其平均流量为 30.5L/min。

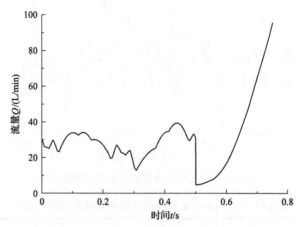

图 6.19　YYBZ 型四足机器人液压油源流量曲线

在液压四足机器人结构确定后, 液压油源的流量取决于机器人运动速度, 机器人运动速度越快, 流量需求越大。由 YYBZ 型四足机器人各关节旋转型四象限负载轨迹可知, 负载匹配是选取极限工况的负载轨迹, 在 6.2.2 节自动匹配程序的原始数据 "Rotating_four_quadrant_load_trajectory_data.mat" 中, 其前 500 个数据点为 Trot 步态数据, 第 501~751 个数据点为 Jump 步态数据(两数据点间隔时间为 1ms)。因此, 如图 6.19 所示的液压油源流量曲线可分为 2 部分: 0.5s 之前为机器人 Trot 步态所需的流量曲线, 0.5s 之后为 Jump 步态所需的流量曲线。

3. 轻量化液压驱动系统建模

根据如表 6.19 所示 YYBZ 型四足机器人液压驱动系统参数, 利用 Solidworks 三维建模软件, 建立 YYBZ 型四足机器人单腿三维模型, 如图 6.20 所示。后面将 YYBZ 型四足机器人单腿简称为 YYBZ 单腿。

图 6.20 中, P_{11} 为髋纵摆关节第一个铰点位置, 其在 x_{11}'-y_{11}' 局部坐标系中的坐标为(0mm, -13mm); P_{12} 为髋纵摆关节第二个铰点位置, 其在 x_{12}'-y_{12}' 局部坐标系中的坐标为(58mm, -20mm); 膝关节液压缸轴线与 x_{12}'-y_{12}' 局部坐标系 x 轴的夹角为 $\gamma_{xy2} = -0.078\text{rad}$, 在该坐标系中的截距为 $m_2 = 35\text{mm}$; P_{22} 为膝关节第二个铰点位置, 其在 x_{22}'-y_{22}' 局部坐标系中的坐标为(38mm, 17mm); 膝关节推杆长度 $d_2 = 75\text{mm}$。

YYBZ 型四足机器人液压油源额定压力为 21MPa, 结合如图 6.19 所示液压油源流量曲线, 采用蓄能器提供 Jump 步态的瞬时大流量, 以减小液压油源的体积和质量。进一步确定 YYBZ 型四足机器人液压油源的相关元部件参数, 并对

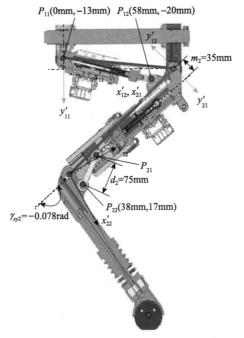

图 6.20　YYBZ 型四足机器人单腿三维模型

液压油源元件进行选型。

　　对液压油源元件进行空间排布优化，确定液压油源构型，从而获得 YYBZ 型四足机器人液压油源。根据液压油源各元件的结构参数，利用 Solidworks 软件分别进行建模，装配获得 YYBZ 型四足机器人液压油源三维模型，如图 6.21 所示。

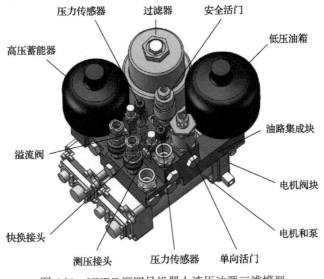

图 6.21　YYBZ 型四足机器人液压油源三维模型

6.5　本章小结

　　本章主要针对四足机器人液压驱动系统轻量化匹配设计展开研究。首先依据机器人基本结构搭建动力学模型，获取腿部关节旋转型负载特性，建立腿部铰点位置数学模型，推导铰点位置、关节角度与驱动力臂的关系，筛选合适铰点位置。在此基础上计算关节直线型负载轨迹，用轻量化负载匹配法确定动力机构参数，进而计算液压驱动单元和油源质量。通过优化指标计算，待收敛后得到最优铰点位置、驱动单元参数和油源流量曲线。设计基于粒子群优化的轻量化参数匹配程序框架，编写相关函数，运行程序得到所需结果。在铰点选取和负载匹配时考虑耦合特性，提高设计灵活性，利于整体减重。以 YYBZ 型四足机器人为例，建立其铰点位置数学模型并制定约束。鉴于足端运动空间会影响机器人性能，且腿部不同状态下转动惯量和等效质量差异大，计算了足端运动空间内的关节液压驱动单元等效质量。采用序关系分析法确定优化指标权重系数，不同系数会影响动力机构性能。运用匹配程序获得该机器人各关节参数及油源流量，完成三维模型设计。

　　本章所提方法形成了四足机器人液压驱动系统轻量化匹配设计体系，借助程序实现自动匹配与优化计算，并在 YYBZ 型机器人上得到实际应用，为四足机器人液压驱动系统的轻量化设计提供了有效途径和实践范例。

第7章 四足机器人轻量化液压驱动系统验证

7.1 引　　言

在前述章节中，形成了四足机器人液压驱动系统轻量化参数匹配方法，获得了 YYBZ 型四足机器人液压驱动系统设计参数，建立了其液压油源和腿部三维模型。为了进一步验证前述章节提出的四足机器人液压驱动系统轻量化参数匹配方法的正确性和可行性，检验轻量化参数匹配方法给液压驱动系统带来的减重效果，掌握 YYBZ 型四足机器人液压驱动系统的驱动性能，本章主要开展以上研究内容的相关实验验证工作，图 7.1 为本章主要内容与前述章节关系图。

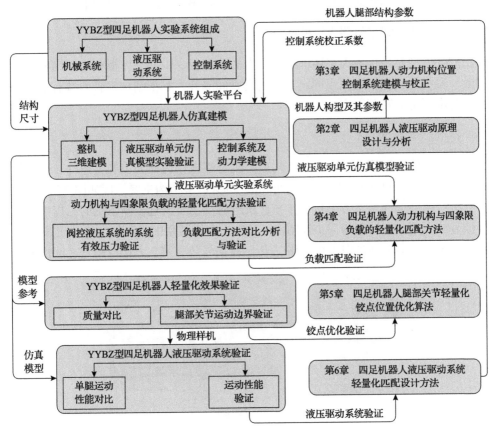

图 7.1　第 7 章主要内容与前述章节关系图

本章将搭建液压驱动单元实验系统，以验证动力机构与四象限负载的轻量化匹配方法；搭建 YYBZ 型四足机器人单腿实验系统，以验证液压四足机器人腿部关节运动边界，并与传统液压四足机器人单腿(后面简称传统单腿)对比，以验证 YYBZ 型四足机器人单腿的运动性能；搭建 YYBZ 型四足机器人整机，并进行多种步态的实验。

7.2　YYBZ 型四足机器人实验系统组成

YYBZ 型四足机器人的机械系统主要由机身、侧摆关节、大腿、小腿、被动缓冲构件、足等组成，用钢材和铝合金材料机械加工制造而成，用于支撑和保护机身；液压四足机器人的液压驱动系统主要由液压油源和液压驱动单元组成，液压油源的功能是向液压驱动单元提供高压油，液压驱动单元的功能是按给定信号驱动机器人各关节运动；液压四足机器人的控制系统主要由工控机、放大板、惯性导航单元、感知单元等组成，对机器人的多种 Walk 步态进行控制。

7.2.1　YYBZ 型四足机器人机械系统

YYBZ 型四足机器人主体框架结构由 2 块端板、中间支撑板和 4 根结构钢管构成，端板与支撑板之间由固定长度的套管间隔开，4 根结构钢管两端有螺纹，组装时由螺母夹紧并固定整体结构。

1. 机身的结构

机身主体由钢管和铝合金板件构成，机身端板作为框架重要支撑件，机身尺寸为长×宽×高=1090mm×540mm×220mm，机身框架结构主要组成如图 7.2 所示。

机身内部部件基本遵循对称排布，机身两端主要放置控制系统的工控机、伺服信号放大器、大控制盒和小控制盒。其中，大控制盒中主要包含信号输入/输出采集端子排，小控制盒中排布位移/力传感器信号放大器，大小控制盒之间由航插

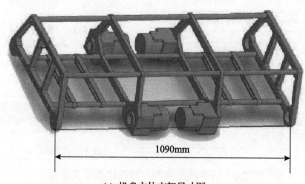

1090mm

(a) 机身主体支架尺寸图

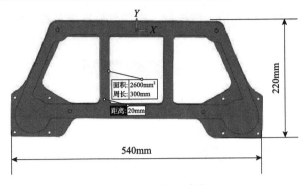

(b) 机身端板尺寸图

图 7.2 机身框架结构主要组成

信号线进行对接。机身主要部件排布设计示意图如图 7.3 所示。机身主体框架与腿部连接实物图如图 7.4 所示。

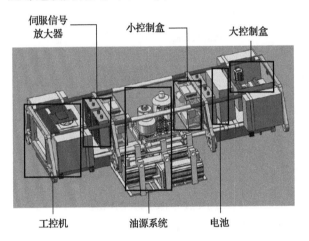

图 7.3 机身主要部件排布设计示意图

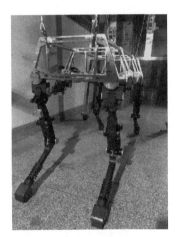

图 7.4 机身主体框架与腿部连接实物图

2. 腿部的结构

YYBZ 型四足机器人腿部主要由横摆构件、大腿构件和小腿构件组成。其中,大腿构件由缸腿一体化液压缸和活塞套筒结构组成,小腿构件主要由结构件、缓冲件和传感器组成。机器人腿部结构主要组成如图 7.5 所示。

1) 横摆构件结构

YYBZ 型四足机器人髋关节液压驱动单元和缸腿一体化膝关节液压驱动单元均具备管路内置化设计结构,横摆部分由液压马达驱动横摆轴以带动腿转向,横摆轴上有两个安装块,作为液压缸的铰点,横摆轴和连接块内布置有流道,油液经横摆轴流入连接块，进而流入液压缸。横摆部分流道布置图如图 7.6 所示。

图 7.5　机器人腿部结构主要组成

(a) 横摆轴流道分布图

(b) 连接块流道分布图　　　　　　(c) 连接块与横摆轴配合处结构

图 7.6　横摆部分流道布置图

液压缸通过一根配油轴和连接块固定，配油轴和髋关节液压缸缸尾处结构如图 7.7 所示。

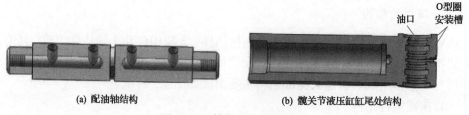

(a) 配油轴结构　　　　　　　　(b) 髋关节液压缸缸尾处结构

图 7.7　缸体部分流道布置图

2) 髋关节液压缸结构

髋关节液压缸主要负责机器人大腿部件纵向摆动控制，采用了流道内置设计，内置了关节处的油管，在减小质量的同时增加了腿部的灵活程度。髋关节液压缸缸体部分流道布置图如图 7.8 所示，缸体质量测试与集成照片如图 7.9 所示，髋关节液压缸具体参数如表 7.1 所示。

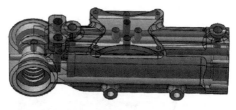

图 7.8　髋关节液压缸缸体部分流道布置图

图 7.9　缸体质量测试与集成照片

表 7.1　髋关节液压缸具体参数

部件名称	高度	长度	宽度	质量
髋关节液压缸	55mm	155mm	44mm	3.9kg

3）一体化膝关节结构

YYBZ 型四足机器人大腿构件由缸腿一体化液压缸和活塞套筒结构组成，如图 7.10 所示。

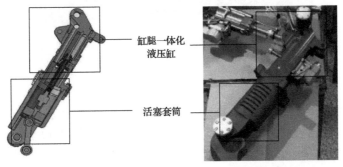

(a) 横摆轴流道分布图　　　　(b) 连接块流道分布图

图 7.10　YYBZ 型四足机器人一体化膝关节结构

YYBZ 型四足机器人腿部一体化液压缸采用油管内置与缸体结合的设计，在关节连接处采用旋转配油机理设计，实现无外管化设计，减轻了腿部质量，减少了管路排布。一体化膝关节结构和一体化膝关节活塞套筒照片如图 7.11 和图 7.12 所示。

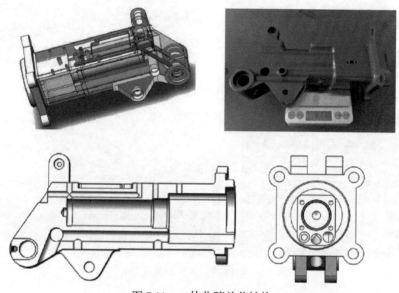

图 7.11　一体化膝关节结构

图 7.12　一体化膝关节活塞套筒照片

3. 小腿的结构

YYBZ 型四足机器人小腿主要由结构件、缓冲件和传感器组成。缓冲功能主要由弹簧和足底橡胶垫实现，缓冲件可根据机器人不同环境运动性能要求，进行不同参数替换件的选择和更换。YYBZ 型四足机器人小腿结构如图 7.13 所示。

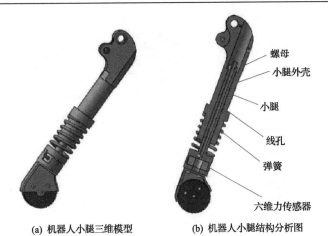

(a) 机器人小腿三维模型　　(b) 机器人小腿结构分析图

图 7.13　YYBZ 型四足机器人小腿结构

7.2.2　YYBZ 型四足机器人液压油源

YYBZ 型四足机器人的液压油源主要由高速电机、液压泵、过滤器、蓄能器、溢流阀、风冷却器、控制器、电机驱动器和各类传感器组成，并通过一体化设计的连接件对各部件进行组装。该系统用于四足机器人的液压驱动与液压系统控制，通过检测压力和流量保障机器人液压油源输出较为稳定的压力和流量，降低液压油源冲击对机器人性能的影响。液压油源控制原理如图 7.14 所示，液压油源主要部件构成及其组装效果分别如图 7.15 和图 7.16 所示。

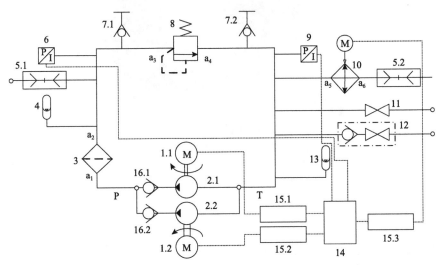

1-高速电机; 2-液压泵; 3-过滤器; 4-高压蓄能器; 5-快换接头; 6-高压压力传感器; 7-测压接头; 8-溢流阀;
9-低压压力传感器; 10-风冷却器; 11-安全活门; 12-单向活门; 13-低压蓄能器; 14-控制器; 15-电机驱动器; 16-单向阀

图 7.14　液压油源控制原理

控制器　　　　风冷却器　　　　过滤器

蓄能器　　　　　　　　　　低压蓄能器

高速电机　　　　集成块　　　　传感器

图 7.15　液压油源主要部件构成

图 7.16　液压油源组装效果

1. 电机泵的选取

电机泵按结构形式主要分为齿轮泵、叶片泵和柱塞泵三种。电液控制系统通常要求较高的工作压力和转速、较小的压力波动和多种功能的变量形式，因此以柱塞泵最为常用。高速电机与柱塞泵配合，将进一步减小电机泵的尺寸和质量。

YYBZ 型四足机器人采用了国内某品牌电机泵。该电机泵样品外形如图 7.17 所示，电机泵主要性能参数如表 7.2 所示。

图 7.17　电机泵样品外形

表 7.2　电机泵主要性能参数

理论力矩/(N·m)	机械效率	最大旋转工作角度/(°)	最大角速度/(rad/s)	最大径向力/N	质量/kg
238	0.96	250	12.6	1000	4.6

2. 压力传感器的选取

压力传感器通常由压力敏感元件和信号处理单元组成。按不同的测试压力类型，压力传感器可分为表压传感器、差压传感器和绝压传感器三种。电液伺服控制通常需要监测压力的变化，以完成液压油源的闭环控制。同时，作为液压行走机械应用，也需要考虑控制阀芯突然移动时在极短时间内形成几倍于系统工作压力的尖峰压力而对压力传感器造成的冲击。YYBZ 型四足机器人采用的压力传感器样品如图 7.18 所示，压力传感器具体参数如表 7.3 所示。

图 7.18　压力传感器样品

表 7.3　压力传感器具体参数

标号	定义	说明
1（红）	24V+	直流电源+24V 接线端
2（黑）	GND	信号地
3（蓝）	GND	直流电源 GND 接线端
4（白）	4～20mA	传感器信号输出端

3. 蓄能器的选取

在电液控制系统中，蓄能器主要有辅助动力源和吸收压力脉动的作用。机器人选用的蓄能器为隔膜式蓄能器，其主要特点是采用橡胶隔膜将气体和液体隔开。隔膜惯性更小、反应更灵敏、易吸收高频压力脉动，但隔膜的变形程度受限、易破裂、容积也较小，一般用于吸收压力脉动，在小流量系统中也可起到一定的辅助动力源作用，多用于航空电液控制系统。YYBZ 型四足机器人采用的蓄能器样品如图 7.19 所示，高/低压蓄能器具体参数如表 7.4 所示。

图 7.19　YYBZ 型四足机器人采用的蓄能器样品

表 7.4　高/低压蓄能器具体参数

设备	高度/mm	最大直径/mm	质量/kg	流量/(L/min)
高压蓄能器	168	106	1.8	95
低压蓄能器	152	96	1.5	95

4. 滤芯的选取

油液的清洁度是电液控制系统可靠工作的重要保证，据统计，电液控制系统大多数故障是由油液污染造成的。清洁度指标有两种评定方法：一种是 ISO 4406 固体颗粒污染等级，其使用三位数字组成的表示法表示 1mL 油液中存在尺寸大于

$4\mu m/6\mu m/14\mu m$ 的粒子数量，以此表示该油液的清洁度指标，能全面反映不同大小颗粒对系统的影响：另一种是 NAS 1638 固体颗粒污染等级，按照颗粒尺寸大小的范围分为 14 个级别，如果在 $5\sim15\mu m$ 和其他范围的颗粒超过了一定数量，则表明污染度超标。考虑机器人工况，选择国内某厂液压过滤器滤芯，其样品如图 7.20 所示，液压过滤器滤芯具体参数如表 7.5 所示。

图 7.20　液压过滤器滤芯样品

表 7.5　液压过滤器滤芯具体参数

参数	说明
滤材	玻璃纤维，不锈钢网，木浆滤纸
过滤精度/μm	$3\sim5$
工作压力/MPa	$2.1\sim21$
密封圈材料	丁腈橡胶，氟橡胶
工作介质	一般液压油
工作温度/℃	$-10\sim+100$

5. 液压油的选取

由于机器人上安装的伺服阀对油液的纯净度要求很高，而 15 号航空液压油本身的稳定性更高，不容易变质，所以机器人采用的是 15 号航空液压油，其相关参数如表 7.6 所示，20℃时其密度约为 $0.84g/cm^3$，则机器人单腿管路中液压油的质量大约为 34g。

6. 伺服阀的选取

常见的有电液伺服阀和电液比例阀，电液伺服阀相对于电液比例阀响应速度更快，通常用于高精度的闭环控制系统。因此，单腿实验平台采用电液伺服阀进行液压缸运动控制，该系列电液伺服阀采用双喷嘴挡板式力反馈原理。电液伺服阀样品如图 7.21 所示。

表 7.6　15 号航空液压油相关参数

检测项目	质量指标	检验结果
20℃密度/(g/cm³)	实测	0.84
外观	红色透明液体，无悬浮物	合格
100℃运动黏度/(mm²/s)	不小于 4.90	5.356
40℃运动黏度/(mm²/s)	不小于 13.2	13.85
–40℃运动黏度/(mm²/s)	不大于 600	355.0
–50℃运动黏度/(mm²/s)	不大于 2500	1302
135℃ 72h 铜片腐蚀/级	不大于 2e	2d
酸值/(mgKOH/g)	不大于 0.20	0.050
闭口闪点/℃	不低于 82	102.0
凝点/℃	不高于–65	–78
水溶性酸或碱	无	无

图 7.21　电液伺服阀样品

表 7.7 中给出了该所选型号电液伺服阀具体参数，电液伺服阀接口定义如表 7.8 所示。

表 7.7　电液伺服阀具体参数

额定流量/(L/min)	额定电流/mA	滞环/%	零偏/%	分辨率/%	内漏/(L/min)
7	40	≤3	≤2	≤1	≤0.7

表 7.8　电液伺服阀接口定义

标号	定义	说明
1	DC24V+	直流电源+24V 接线端
2	空	无
3	DC24V–	直流电源–24V 接线端
4	CMD2–	控制信号正向输入端
5	信号屏蔽	伺服阀信号屏蔽接线端
6	GND	信号地

7.2.3　YYBZ 型四足机器人控制系统

1. 控制系统的硬件架构

根据 YYBZ 型四足机器人运动控制系统的需求，拟采用工控机作为上位机，以控制液压驱动单元的方式实现机器人的运动控制。首先，利用输出数据采集卡实现对电液伺服阀信号的对接需求，通过控制电液伺服阀的开口方向、时间和大小间接实现对机器人腿部各关节非对称缸活塞杆位移量及出力的控制，进而按照运动步态足端轨迹规划点的要求运动；其次，利用输入数据采集卡实现对位移/力传感器信号的对接需求，进而实现机器人底层电液伺服阀液压驱动系统的位移/力闭环控制，保障机器人运动控制精度及快速响应性能。该电液伺服阀控制系统不仅能满足一定的控制精度和响应速度，而且可以通过现有的软件集成开发环境快速编写各种控制算法，并快速进行验证。

YYBZ 型四足机器人控制系统流程图如图 7.22 所示。YYBZ 型四足机器人实验平台控制系统的硬件主要由工控机、显示器、伺服信号放大器、伺服阀、位移传感器、电机伺服控制器、输入数据采集卡和输出数据采集卡组成。工控机作为上位机，主要实现机器人顶层各步态足端轨迹规划模块，腿部中层阻抗控制算法模块，液压底层融合前馈、顺馈及反馈的闭环控制算法等模块的运算及控制信号输出；运动控制信号通过输出数据采集卡输出到伺服信号放大器，进而通过伺服信号放大器驱动伺服阀来达到控制各个非对称液压缸位移及出力的目的；油源控制信号通过输出数据采集卡输出到电机伺服控制器，根据机器人各个步态对动力的不同需求，控制液压泵输出机器人运动所需要的压力和流量；通过输入数据采集卡采集位移/力传感器信号，并传送至工控机进行机身姿态判定及步态规划等。

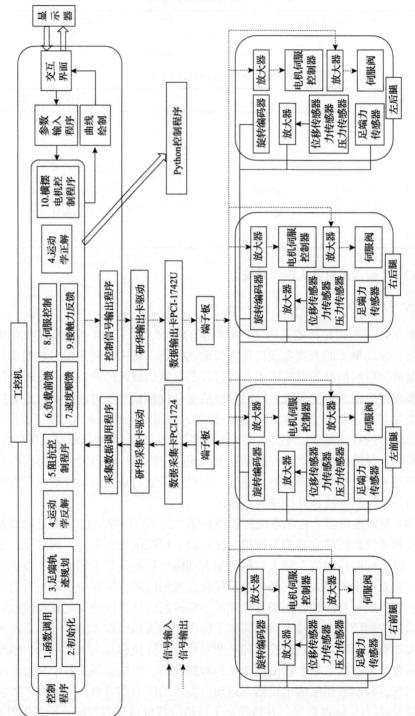

图 7.22　YYBZ型四足机器人控制系统流程图

2. 运动控制的程序架构

液压四足机器人通过不同的足端轨迹规划,实现对机器人运动状态的控制。首先,通过运动学理论对足端轨迹进行计算,可以得到机器人腿部各关节的期望位移、速度等状态量,由位移传感器采集关节实际位移信号,通过液压伺服位置控制算法实现位移闭环控制;其次,可以通过动力学理论对足端轨迹进行计算,可以得到机器人腿部各关节的期望出力,由关节一维力传感器采集实际出力,通过液压伺服力控制算法实现力闭环控制;最后,利用航姿传感器采集的机身位移、方位角、倾覆角、翻滚角及各类传感器液压缸位移、速度、关节力、接触力等状态变量,通过状态估计算法结合运动学和动力学判定机身姿态,为机器人下一步运动规划提供状态参考。控制系统流程图如图 7.23 所示。

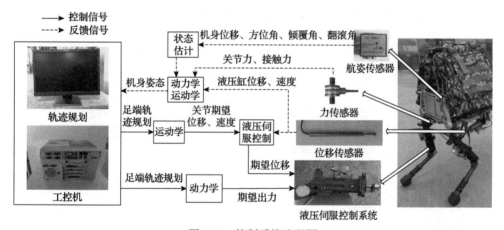

图 7.23　控制系统流程图

3. 电控硬件的排布设计

YYBZ 型四足机器人控制系统主要由工控机、伺服阀、各类传感器构成,在排布设计上秉持接线线路最短、相互不交叉、不干涉腿部运动的原则进行。因此,在实机排布时,油管和线路都采用缸腿一体化设计,足端力传感器、缸体位移传感器的线路直接经由缸体内穿过,向上沿机身主体支架分别连接至力/位移传感器信号放大器、伺服信号放大器,然后连接至数据采集端子排,最终连接至工控机。电控主要部件排布示意图如图 7.24 所示。

机器人头部用来容纳各电控部件的屏蔽盒,按照体积不同分别称为大/小控制盒。为使各信号线尽量不相互干涉且整齐,大控制盒内主要包含输入端子排和输出端子排及电源分线器。大控制盒排布示意图如图 7.25 所示。小控制盒内主要包含 4 条腿髋关节和肘关节合计 8 个位移传感器信号放大器;4 个足端六维力传感器信号放大器；4 条腿髋关节和肘关节共 8 个一维力传感器信号放大器；油源进/出口压力传感器信号放大器。小控制盒排布示意图如图 7.26 所示。大/小控制盒包含电控部件明细如表 7.9 所示。

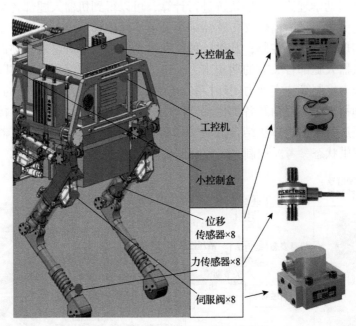

图 7.24　电控主要部件排布示意图

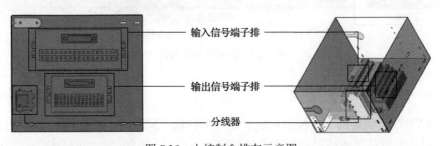

图 7.25　大控制盒排布示意图

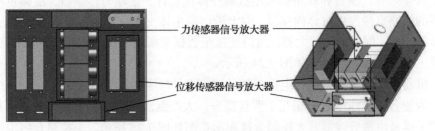

图 7.26　小控制盒排布示意图

表 7.9　大/小控制盒包含电控部件明细

性能	包含部件	主要连接部件
大控制盒	输入信号端子板	位移传感器的信号放大器(共 8 个)
		力传感器的信号放大器(共 8 个)
		侧摆压力传感器(共 8 个)
		压力传感器放大器(共 2 个)
	输出信号端子板	伺服阀控制器(共 4 个)
小控制盒	位移传感器信号放大器	髋/膝关节位移传感器(共 8 个)
	力传感器信号放大器	髋/膝关节一维力传感器+足端六维力传感器(共 12 个)
	压力传感器信号放大器	油源进/出口压力传感器(共 2 个)

1)工控机

单腿实验平台选取的控制器是工控机。工控机是一种单机系统,所采用的是集中式控制方式,通过一台工控机对多个伺服阀控非对称缸对象进行管理和控制。工控机相对于大型控制器成本较低,与单片机相比,其优势在于可扩展性强、对硬件合理的选取更加容易加快研究进度。本实验平台采用阿普奇 E7QS 工控机,如图 7.27 所示。图中,DVI 表示数字视频接口,VGA 表示视频图形阵列。

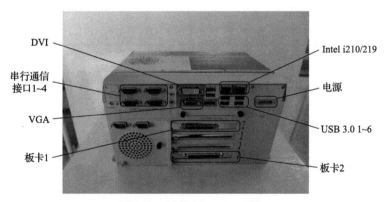

图 7.27　阿普奇 E7QS 工控机

阿普奇 E7QS 工控机是一款多路 PCI/PCIe 扩展的嵌入式计算机,可以接入不同类型的信号接口,具备多核处理器,可以为迸发处理提供有力支撑,使用了全性能的桌面平台处理器,其具体参数如表 7.10 所示,各接口定义与主要连接的电控硬件如表 7.11 所示。

表 7.10　阿普奇 E7QS 工控机具体参数

参数	说明
中央处理器	Intel i7-7700
芯片组	Intel Q170 Chipset
内存容量	8GB
接口	6 个 USB，6 个串口，3 个 PCI，1 个 PCIe
存储	128GB
操作系统	Win 10, Win XP, Linux
工作温度	−20～60℃

注：USB 表示通用串行总线，PCI 表示外部设备互连。

表 7.11　阿普奇 E7QS 工控机各接口定义与主要连接的电控硬件

标号	定义	说明
1	DVI	空
2	COM 1～4	空
3	VGA	外接显示器
4	Intel I210	网线口，连接上位机
5	Power	电源，AC220V
6	USB 3.01	USB 转 RS485 模块
7	USB 3.02	蓝牙键盘鼠标信号接口
8	USB 3.03	系统 U 盘
9	USB 3.04	控制程序 U 盘

2）信号输入数据采集卡的选择

单腿实验平台采用的数据采集卡类型是 PCI 总线型，PCI 总线型有以下几方面优点。

（1）高速性：数据传输速率高，远超其他总线，PCI 板卡可以与工控机内存直接交换数据；

（2）扩展性好：当需要连接很多设备时，可以采用多级 PCI 总线，实现并发工作。

本实验平台选用中国研华科技有限公司生产的输入数据采集卡，该板卡可以直接插在工控机的 PCI 卡槽上，具有自动校准功能，可以对采集信号产生的偏移误差进行修正，具有 16 位 A/D 转换器。四足机器人样机含有：位移传感器 8 个，一维力传感器 8 个，压力传感器 10 个，六维力传感器 4 个，共需 30 个接口，选用的 PCI-1747U 输入数据采集卡具有 64 通道口，一块 PCI-1747U 输入数据采集卡即可满足使用要求。PCI-1747U 输入数据采集卡实物如图 7.28 所示。

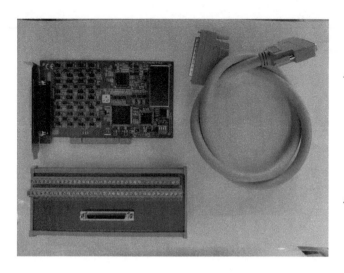

	AI0	68	34	AI1
	AI2	67	33	AI3
	AI4	66	32	AI5
	AI6	65	31	AI7
	AI8	64	30	AI9
	AI10	63	29	AI11
	AI12	62	28	AI13
	AI14	61	27	AI15
	AGND	60	26	AGND
	AI16	59	25	AI17
	AI18	58	24	AI19
	AI20	57	23	AI21
	AI22	56	22	AI23
	AI24	55	21	AI25
	AI26	54	20	AI27
	AI28	53	19	AI29
	AI30	52	18	AI31
	AI32	51	17	AI33
	AI34	50	16	AI35
	AI36	49	15	AI37
	AI38	48	14	AI39
	AI40	47	13	AI41
	AI42	46	12	AI43
	AI44	45	11	AI45
	AI46	44	10	AI47
	AGND	43	9	AGND
	AI48	42	8	AI49
	AI50	41	7	AI51
	AI52	40	6	AI53
	AI54	39	5	AI55
	AI56	38	4	AI57
	AI58	37	3	AI59
	AI60	36	2	AI61
	AI62	35	1	AI63

图 7.28　PCI-1747U 输入数据采集卡实物

表 7.12 给出了 PCI-1747U 输入数据采集卡具体参数，表 7.13 给出了输入信号端子排信号端口及接口定义。

表 7.12　PCI-1747U 输入数据采集卡具体参数

参数	说明
通道数	64 个单通道或 32 个差分通道
分辨率	16 位
采样速率	250kS/s
采样范围/V	−10～10、−5～5、−2.5～2.5、−1.25～1.25、−0.625～0.625
支持的操作系统	Win 7、Win 10、Win XP、Linux

表 7.13　输入信号端子排信号端口及接口定义

标号	定义	说明
35	位移信号 1	左前腿髋关节位移信号
36	位移信号 2	左前腿膝关节位移信号
37	力信号 1	左前腿髋关节力信号
38	力信号 2	左前腿膝关节力信号
43	GND	信号地
44	位移信号 3	右前腿髋关节位移信号
45	位移信号 4	右前腿膝关节位移信号
46	力信号 3	右前腿髋关节力信号

续表

标号	定义	说明
47	力信号 4	右前腿膝关节力信号
56	位移信号 5	右后腿髋关节位移信号
57	位移信号 6	右后腿膝关节位移信号
58	力信号 5	右后腿髋关节力信号
59	力信号 6	右后腿膝关节力信号
60	GND	信号地
63	位移信号 7	左后腿髋关节位移信号
64	位移信号 8	左后腿膝关节位移信号
65	力信号 7	左后腿髋关节力信号
66	力信号 8	左后腿膝关节力信号
67	压力信号 1	油源进油口压力信号
68	压力信号 2	油源出油口压力信号

3)信号输出数据采集卡的选择

输出数据采集卡选用的是中国研华科技有限公司生产的 PCI-1724U 板卡,输出模拟量电流输出信号和模拟量电压输出信号,所有通道模拟量可以同步输出,避免液压缸出现运动不同步的问题,每一路都是相互隔离的,不存在输出信号相互干扰的问题,适用于过程控制、伺服控制和多环比例积分微分控制。PCI-1724U输出数据采集卡实物如图 7.29 所示。

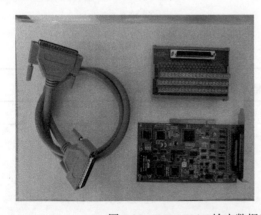
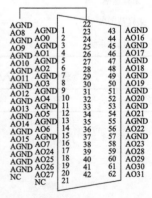

图 7.29 PCI-1724U 输出数据采集卡实物

表 7.14 给出了 PCI-1724U 输出数据采集卡具体参数,表 7.15 给出了输出信号端子排信号端口及接口定义。

表 7.14　PCI-1724U 输出数据采集卡具体参数

参数	说明
通道数	32 路隔离模拟量输出通道
分辨率	14 位
支持操作系统	Win 7、Win 10、Win XP、Linux
输出范围	$-10\sim10\text{V}$，$0\sim20\text{mA}$，$4\sim20\text{mA}$

表 7.15　输出信号端子排信号端口及接口定义

标号	定义	说明
1	GND	电源地接线口
2	AO0	伺服阀 1 控制信号+伺服阀放大器阀控信号地线 1
4	AO1	伺服阀 2 控制信号
6	AO2	伺服阀 3 控制信号
8	AO3	伺服阀 4 控制信号+伺服阀放大器阀控信号地线 2
10	AO4	伺服阀 5 控制信号
12	AO5	伺服阀 6 控制信号
14	AO6	伺服阀 7 控制信号+伺服阀放大器阀控信号地线 3
16	AO7	伺服阀 8 控制信号
23	AO8	伺服阀 9 控制信号
25	AO9	伺服阀 10 控制信号+伺服阀放大器阀控信号地线 4
27	AO10	伺服阀 11 控制信号
29	AO11	伺服阀 12 控制信号

4. 传感器的选取

在阀控液压缸位置伺服过程中，需实时采集液压缸的活塞杆位移长度，选用国内某品牌的 WYDC 系列位移传感器，其实物如图 7.30 所示。

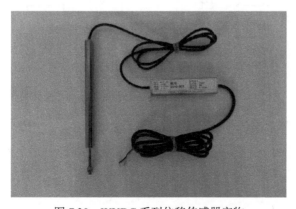

图 7.30　WYDC 系列位移传感器实物

表 7.16 给出了位移传感器具体参数，表 7.17 给出了位移传感器接口定义。

表 7.16　位移传感器具体参数

机身长度/mm	轴芯长度/mm	工作温度/℃	抗振动/kHz	线性度/%	输出信号/mA
110	72	−20～70	<2G/1	±0.05	4～20

注：<2G/1 表示在 1kHz 的振动频率下设备在振动过程中受到的最大加速度小于 2 倍重力，下同。

表 7.17　位移传感器接口定义

标号	定义	说明
1(红)	DC24V+	直流电源+24V 接线端
2(黑)	DC24V−	直流电源−24V 接线端
3(黄)	信号+	传感器信号+接线端

5. 伺服放大器的选择

伺服阀开环放大器与闭环放大器的接线有所区别，下面以国内某公司伺服阀开环放大器为例，介绍其接线方法，其说明图如图 7.31 所示。

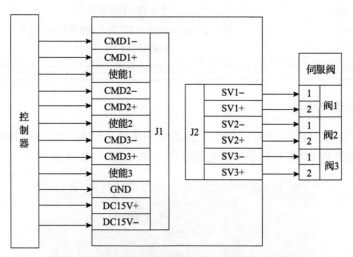

图 7.31　国内某公司伺服阀开环放大器接线说明图

图 7.31 为一种典型的一拖三伺服阀开环放大器，前端主要与控制器相连接，后端与伺服阀相连接。J1 部分为输入端，J2 部分为输出端。伺服阀开环放大器接口定义如表 7.18 所示。

表 7.18　伺服阀开环放大器接口定义

标号	定义	说明	标号	定义	说明
	J1 接口定义			J2 接口定义	
1	CMD1–	控制信号 1 负向输入端	1	SV1–	阀控电流 1 负向输出端
2	CMD1+	控制信号 1 正向输入端	2	SV1+	阀控电流 1 正向输出端
3	使能 1	控制电流信号 1 的通断	3	SV2–	阀控电流 2 负向输出端
4	CMD2–	控制信号 2 负向输入端	4	SV2+	阀控电流 2 正向输出端
5	CMD2+	控制信号 2 正向输入端	5	SV3–	阀控电流 3 负向输出端
6	使能 2	控制电流信号 2 的通断	6	SV3+	阀控电流 3 正向输出端
7	CMD3–	控制信号 3 负向输入端			
8	CMD3+	控制信号 3 正向输入端			
9	使能 3	控制电流信号 3 的通断			
10	GND	信号地			
11	+15VDC	直流电源+15V 接线端			
12	–15VDC	直流电源–15V 接线端			

6. 航姿传感器的选取

　　YYBZ 型四足机器人姿态识别采用国内某款微型航姿传感器。该微型航姿测量系统是一款微型的全姿态测量传感装置，由三轴陀螺、三轴加速度计、三轴磁阻型磁强计等三种类型的传感器构成。三轴陀螺用于测量载体三个方向的绝对角速率；三轴加速度计用于测量载体三个方向的加速度，在系统工作中，主要作用是感知系统水平方向的倾斜，并用于修正陀螺在俯仰方向和滚动方向的漂移；三轴磁阻型磁强计测量三维地磁强度，用于提供方向角的初始对准以及修正航向角漂移。微型航姿测量系统可提供的输出数据有原始数据、四元数、姿态数据等。航姿传感器外形如图 7.32 所示。

图 7.32　航姿传感器外形

表 7.19 给出了微型航姿传感器具体参数, 表 7.20 给出了微型航姿传感器接口定义。

表 7.19　微型航姿传感器具体参数

机身长度/mm	轴芯长度/mm	工作温度/℃	抗振动/kHz	线性度/%	输出信号/mA
110	72	−20～70	<2G/1	±0.05	4～20

表 7.20　微型航姿传感器接口定义

标号	定义	说明
1(红)	DC24V+	直流电源+24V 接线端
2(黑)	DC24V−	直流电源−24V 接线端
3(黄)	信号+	传感器信号+接线端

7.3　YYBZ 型四足机器人仿真建模

7.3.1　YYBZ 型四足机器人整机三维建模

在前述 YYBZ 型四足机器人单腿三维模型的基础上, 建立 YYBZ 型四足机器人三维模型, 如图 7.33 所示。

(a) 整机三维模型　　　　　　　　　(b) 机器人负重效果图

图 7.33　YYBZ 型四足机器人三维模型

7.3.2　YYBZ 型四足机器人液压驱动单元仿真模型实验验证

液压驱动单元仿真模型的精度是液压四足机器人整机仿真模型精度的决定性因素之一。为了进一步体现 4.5 节轻量化负载匹配仿真验证结论的准确性, 本节搭建液压驱动单元实验测试系统。图 7.34 为 YYBZ 型四足机器人单腿及关节液压驱动单元。利用髋纵摆关节液压驱动单元和膝关节液压驱动单元组成液压驱动单元实验系统，如图 7.35 所示。其中，左侧为髋纵摆关节液压驱动单元，可采用位置闭环控制；右侧为膝关节液压驱动单元，可采用力闭环控制。图 7.36 为实验系统的 dSPACE 控制器。

图 7.34　YYBZ 型四足机器人单腿及关节液压驱动单元

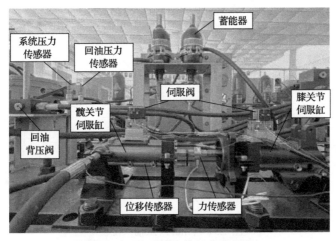

图 7.35　液压驱动单元实验系统

图 7.36　实验系统的 dSPACE 控制器

动力机构 J 的参数与图 7.35 左侧髋纵摆关节液压驱动单元参数相同。因此，在后续液压驱动单元仿真模型验证和动力机构与负载匹配验证的过程中，动力机构 J 可采用图 7.35 所示左侧髋纵摆关节液压驱动单元表征。表 7.21 为液压驱动单元(动力机构 J)仿真与实验对比工况。

表 7.21　液压驱动单元(动力机构 J)仿真与实验对比工况

输入端	信号类型	信号量
输入位置	阶跃	5mm
	正弦	10mm 幅值，1Hz 频率
外负载力	阶跃	1000N
	正弦	1000N 幅值，1Hz 频率

将液压驱动单元活塞杆初始位置定在 30mm 处，依据表 7.21 所示工况，对液压驱动单元实验系统和仿真模型进行测试，得到实验及仿真对比曲线，如图 7.37～图 7.40 所示。

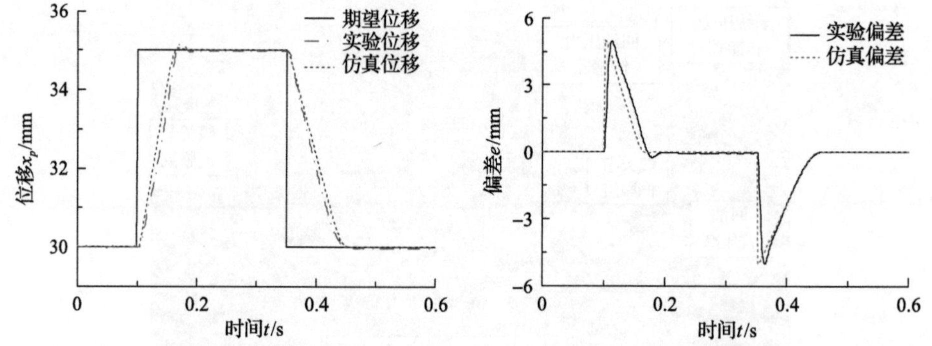

(a) 响应曲线　　　　　　　　　　(b) 偏差曲线

图 7.37　5mm 阶跃输入位置

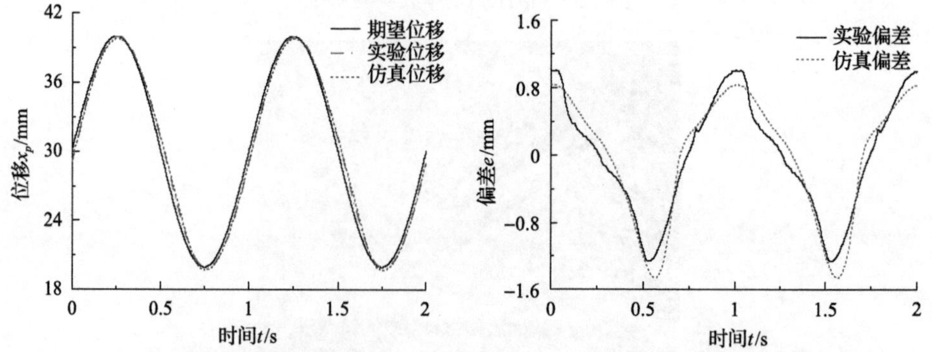

(a) 比例积分控制响应曲线　　　　(b) 比例积分控制偏差曲线

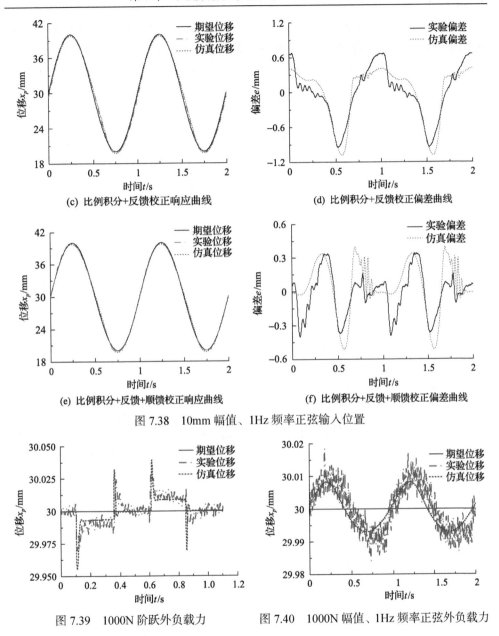

(c) 比例积分+反馈校正响应曲线

(d) 比例积分+反馈校正偏差曲线

(e) 比例积分+反馈+顺馈校正响应曲线

(f) 比例积分+反馈+顺馈校正偏差曲线

图 7.38　10mm 幅值、1Hz 频率正弦输入位置

图 7.39　1000N 阶跃外负载力　　　图 7.40　1000N 幅值、1Hz 频率正弦外负载力

图 7.37 表明，在 5mm 阶跃输入位置情况下，实验系统及其仿真模型的液压驱动单元伸出上升时间为 66ms、最大超调量为 4.24%，缩回上升时间为 99ms、无超调；图 7.38 表明，在不同控制方案情况下，液压驱动单元的实验系统和仿真模型响应曲线基本重合，且随着系统加入反馈校正和顺馈校正后，系统的最大偏差均有明显减小，实验系统的最大偏差由 1.258mm 减小至 0.403mm，最大偏差减

幅达 67.97%；图 7.39 表明，在 1000N 阶跃外负载力情况下，液压驱动单元会偏离原来的位置，且在阶跃力的初始时刻，偏离幅度最大，随后稳定在恒定的位置；图 7.40 表明，在 1000N 幅值、1Hz 频率正弦外负载力情况下，液压驱动单元的位置响应也呈现正弦变化，且其最大偏移位置略小于图 7.40 中的稳态偏移位置。

　　综合对比图 7.37～图 7.40 所示曲线，液压驱动单元在阶跃输入位置、正弦输入位置、阶跃外负载力、正弦外负载力等工况下，其仿真模型和实验系统的响应曲线基本重合。因此，上述分析表明：侧面验证了 4.5 节轻量化负载匹配仿真验证的结论；该模型能保证液压四足机器人仿真模型的液压驱动系统精度，其建模方法也可为后续液压驱动单元的相关验证提供支持。

7.3.3　YYBZ 型四足机器人控制系统及动力学建模

　　结合 7.3.1 节 YYBZ 型四足机器人三维模型、7.3.2 节液压驱动单元仿真模型，以及第 2 章的机器人运动学及足端轨迹规划，采用 MATLAB 中的 Simulink 搭建了 YYBZ 型四足机器人仿真模型，如图 7.41 所示。其中，图 7.41(a) 为仿真模型的控制模块，包括轨迹规划模块、运动学模块、关节空间与液压驱动单元行程映

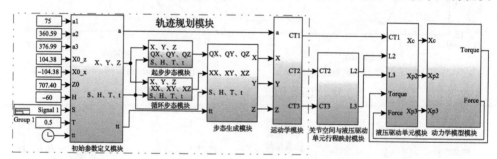

(a) 控制模块

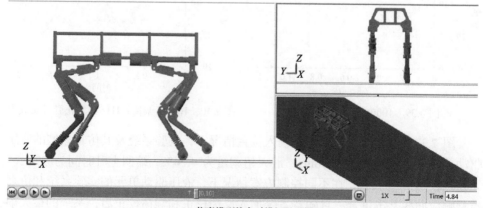

(b) 仿真模型的实时模拟显示界面

图 7.41　YYBZ 型四足机器人仿真模型

射模块、液压驱动单元模块、动力学模型模块等,图 7.41(b)为仿真模型的实时模拟显示界面。

该模型可进行蹲起、踏步、Walk、Trot、Jump 等步态仿真。以对角小跑步态为例,设液压四足机器人步长由 0mm 逐渐增加至 417mm,再逐渐减小至 0mm,步高为 80mm,单腿运动周期为 0.5s,对仿真模型进行运动测试,测试结果显示液压四足机器人能正常稳定地完成 Trot 步态。图 7.42 为 YYBZ 型四足机器人仿真模型 Trot 步态运动速度,在整个运动过程中,机器人可跟踪规划的运动速度,且最大速度为 6km/h。

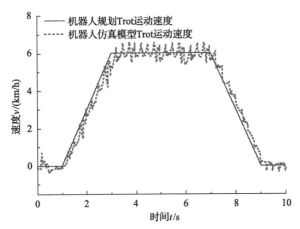

图 7.42   YYBZ 型四足机器人仿真模型 Trot 步态运动速度

7.4   动力机构与四象限负载的轻量化匹配方法验证

采用液压驱动单元实验系统对第 4 章有关轻量化的负载匹配方法进行验证,具体包括阀控液压系统的系统有效压力验证、轻量化/传统负载匹配方法对比分析与验证。

7.4.1   阀控液压系统的系统有效压力验证

为了对系统有效压力进行验证,利用如图 7.35 所示液压驱动单元实验系统,以左侧液压驱动单元为被测对象,以右侧液压驱动单元为加载系统,获得阀控液压系统动力机构输出功率随负载压力变化的无因次曲线,如图 7.43 所示。

在图 7.43 中,数值计算曲线是通过数值计算的曲线,与图 3.9 相同;动力机构活塞杆伸出曲线所处工况为图 3.6 中的工况 1,此时液压缸活塞杆向外伸出;动力机构活塞杆缩回曲线所处工况为图 3.6 中的工况 3,此时液压缸活塞杆向内缩回。

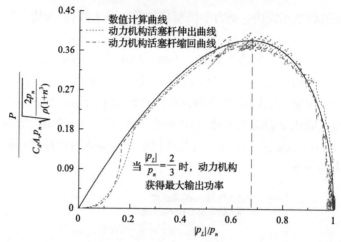

图 7.43　阀控液压系统动力机构输出功率随负载压力变化的无因次曲线

由图 7.43 可以看出,初始阶段的实验曲线向下凹,其原因为:右侧液压驱动单元是通过控制实现了对弹簧的模拟,液压驱动单元偏移初始位置越大,右侧液压驱动单元的输出力越大。当系统刚启动、位置还未变化时,右侧液压驱动单元出力为零,即左侧液压驱动单元的负载力为零,则理论上左侧液压驱动单元的速度由最大逐渐减小为零;然而左侧液压驱动单元的实际速度是由零增加到最大,再随着负载力的增大而减小的。因此,在初始阶段系统的实际速度与理论速度不同,从而造成实验曲线向下凹。

后阶段实验曲线相对粗糙,其原因为:曲线后阶段负载压力增大,液压驱动单元运动速度减小,使得系统回油流量减少,导致回油溢流阀的稳压能力减弱,回油压力出现波动,从而使得负载力和负载速度出现波动,实验曲线变得粗糙。通过对回油压力传感器采集的数据进行分析,发现该阶段回油压力确实波动较大,从而进一步验证了对上述粗糙曲线的分析结果。

综上所述,实验曲线和数值计算曲线虽存在一些区别,但曲线形状和趋势均相同,由此表明:无论是在第 3 章所定义的情况 1 还是情况 2,当负载压力等于 2/3 的系统有效压力时,动力机构的输出功率最大,验证了系统有效压力的正确性。

7.4.2　轻量化/传统负载匹配方法对比分析与验证

1. 传统动力机构参数匹配

在 4.5 节,采用轻量化负载匹配方法获得了动力机构 J。根据上述相同负载轨迹,利用传统的负载匹配方法[58,60],在负载轨迹的最大功率点、最大负载速度与最大负载力交点,分别匹配计算动力机构参数,再分别进行参数修正,以获得传统动力机构参数,其中,在负载轨迹最大功率点匹配计算的动力机构称为动力机构 P，在负载轨迹最大负载速度与最大负载力交点匹配计算的动力机构称为动力机构 M。为了充分对比动力机构 J 与动力机构 P、M 的差异，后面将 3 个动力机构进行对比分析。表 7.22 为动力机构 J、P 和 M 的参数。

表 7.22　动力机构 J、P 和 M 的参数

参数	液压缸活塞 直径/mm	液压缸活塞杆 直径/mm	液压缸 行程/mm	伺服阀空载 流量/(L/min)
动力机构 J	25	14	85	6
动力机构 P	28	16	85	4
动力机构 M	31	17	85	6

在表 7.22 中，动力机构 J 的液压缸活塞直径及其活塞杆直径均最小，若动力机构的设计加工及材料相同，且不考虑伺服阀质量的影响，则相比于动力机构 P 和 M，动力机构 J 的质量最小。

根据表 7.22 所示动力机构参数，并结合式(3.34)，通过数值计算可获得动力机构 J、P 和 M 的四象限输出特性曲线，再结合图 4.6 所示负载轨迹，获得四象限负载轨迹与动力机构 J、P、M 输出特性曲线，如图 7.44 所示。

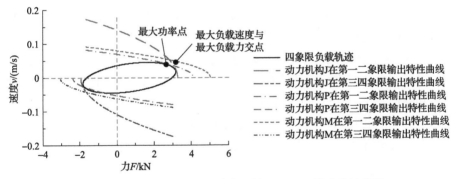

图 7.44　四象限负载轨迹与动力机构 J、P、M 输出特性曲线

在图 7.44 中，动力机构 J 和 M 均能完全包络负载轨迹，表明这两个动力机构能正常驱动图中的负载，动力机构 P 在第三象限与负载轨迹相切，表明其不能驱动第三象限的负载，同时也体现了传统负载匹配的局限性。

2. 动力机构驱动四象限负载验证

利用液压四足机器人髋纵摆关节液压驱动单元实验系统及其仿真模型，分别测试动力机构 J 的输出特性曲线，利用动力机构 P 和 M 的仿真模型，分别测试其输出特性曲线，并结合四象限负载轨迹，从而获得四象限负载轨迹与动力机构 J、P、M 仿真/实验输出特性曲线，如图 7.45 所示。

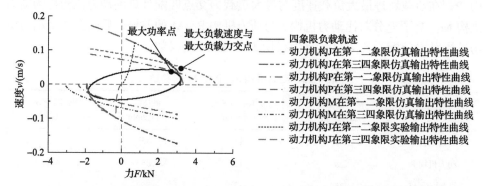

图 7.45　四象限负载轨迹与动力机构 J、P、M 仿真/实验输出特性曲线

图 7.45 中，动力机构 J 在第一三象限的实验输出特性曲线与其仿真输出特性曲线不完全重合，实验输出特性曲线的起始点均为 $(0,0)$，该现象的解释与图 7.45 中的曲线向下凹的解释一样。同时，动力机构 J 和动力机构 M 的仿真/实验输出特性曲线完全包络了负载轨迹，表明这两个动力机构能完全驱动负载；动力机构 P 在第三四象限仿真输出特性曲线与负载轨迹在第三象限相交，表明动力机构 P 不能满足第三象限负载的驱动需求。

综上可见，上述分析结果与图 7.44 体现出的特性基本相同，表明通过数值计算进行负载匹配的可行性。

结合 4.5.3 节动力机构 J 驱动负载的闭环仿真测试，进一步采用动力机构 J 实验系统对其驱动负载进行闭环控制检验。在下述实验过程中，闭环系统均采用反馈校正和顺馈校正，获得了动力机构 J 闭环跟随曲线，如图 7.46 所示。

图 7.46(a) 和图 7.46(b) 中，动力机构 J 仿真系统的负载力与期望力曲线基本完全重合，而实验系统的负载力与期望力存在偏差，最大力偏差约为 500N，造成

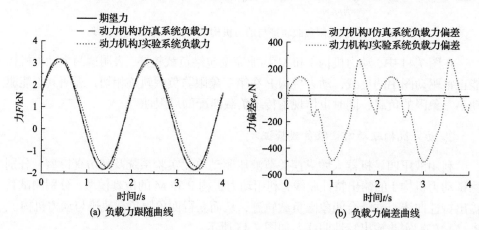

(a) 负载力跟随曲线　　　　　　　　(b) 负载力偏差曲线

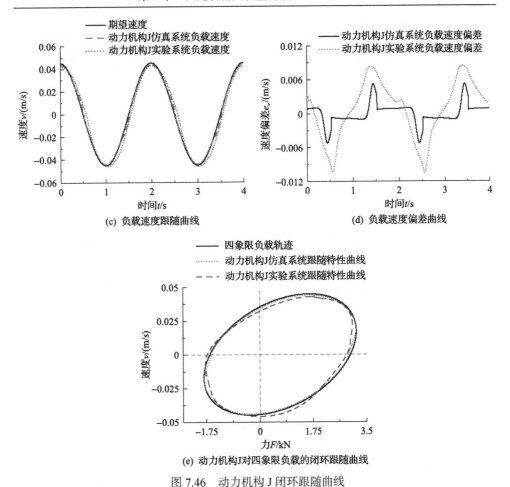

(c) 负载速度跟随曲线　　　　　　　(d) 负载速度偏差曲线

(e) 动力机构J对四象限负载的闭环跟随曲线

图 7.46　动力机构 J 闭环跟随曲线

该现象的原因为：仿真系统的力是直接通过力信号发生器施加至系统的，即加载至图 3.13 中的 F_L，而实验系统的负载力则是通过图 7.35 右侧液压驱动单元加载的，左右两个液压驱动单元采用力传感器螺纹固连，彼此之间存在耦合，导致系统运行过程中影响了力的加载精度。图 7.46(c) 和图 7.46(d) 分别为负载速度跟随曲线及其偏差曲线，实验系统和仿真系统的速度跟随曲线相近，偏差曲线的趋势相同。图 7.46(e) 表明，动力机构 J 能满足图中四象限负载的驱动需求。

　　为了消除负载力加载效果不理想的影响，利用动力机构 J、P 和 M 的仿真模型，进一步对比验证三个动力机构的闭环跟随效果。动力机构 J、P、M 仿真闭环跟随曲线如图 7.47 所示。

　　图 7.47(a) 和图 7.47(b) 中，动力机构 J、P 和 M 仿真模型的力加载效果较好，最大力偏差在 1N 以内；图 7.47(c) 和图 7.47(d) 为负载速度跟随曲线及其偏差曲线，动力机构 J 和 M 跟随效果良好，动力机构 P 在 1.379s 和 3.379s 时，其速度

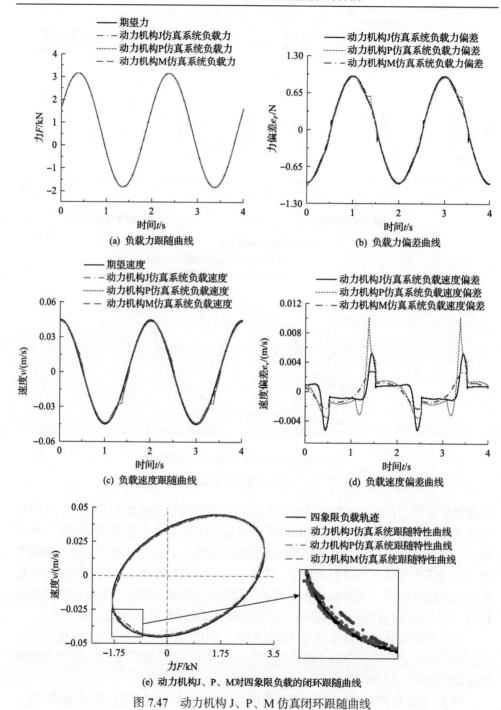

(a) 负载力跟随曲线

(b) 负载力偏差曲线

(c) 负载速度跟随曲线

(d) 负载速度偏差曲线

(e) 动力机构J、P、M对四象限负载的闭环跟随曲线

图 7.47　动力机构 J、P、M 仿真闭环跟随曲线

不能跟随期望速度，速度偏差较大，该时段对应动力机构 P 在第三象限，表明动

力机构 P 不能完全驱动第三象限负载；图 7.47(e)同样表明，动力机构 J 和 M 能满足四象限负载的驱动需求，动力机构 P 在第三象限不能完全跟随负载轨迹，不能满足驱动负载的需求。

综上所述，本节通过动力机构 J 实验系统和仿真模型、动力机构 P 和 M 仿真模型，分别进行了动力机构开环输出特性测试、动力机构闭环跟随测试。测试结果表明：动力机构 J 和 M 均能驱动四象限负载，动力机构 P 不能驱动第三象限负载。该结论验证了动力机构 J、P、M 参数匹配的结果。另外，实验结果表明动力机构 J 能满足四象限负载的驱动需求，与 4.5 节的仿真结果相同，进一步验证了动力机构与四象限负载的轻量化匹配方法的有效性。

3. 动力机构能耗分析

在相同负载轨迹情况下，动力机构 J、P、M 的需求功率不同，能量利用率不同，能耗也不相同。为了直观地反映出 3 个动力机构在能耗方面的差异，选取图 4.14 所示四象限负载轨迹，研究动力机构 J、P、M 在功率、能量利用率和能耗等方面的差异。

根据式(4.59)和图 4.14 所示负载力和负载速度，负载功率的计算公式为

$$P_L = F_L v_L \tag{7.1}$$

动力机构的需求功率计算公式为

$$P_P = \begin{cases} P_{P12} = p_s A_1 v_L, & v_L \geqslant 0 \\ P_{P34} = n p_s A_1 |v_L|, & v_L < 0 \end{cases} \tag{7.2}$$

式中，P_{P12} 为动力机构在第一二象限的需求功率(J)；P_{P34} 为动力机构在第三四象限的需求功率(J)。

根据能量守恒定律，可知动力机构的发热功率为

$$P_H = P_P - P_L \tag{7.3}$$

根据式(7.1)可计算如图 7.48 所示的动力机构负载功率，当动力机构驱动负载时根据式(7.2)可计算如图 7.49 所示的动力机构需求功率，根据式(7.3)可计算如图 7.50 所示的动力机构发热功率。

图 7.48 中，动力机构在第一三象限做正功，其负载功率大于零；动力机构在第二四象限做负功，其负载功率小于零。图 7.49 中，动力机构的需求功率与负载速度和液压缸面积呈正相关；在整个负载平面内，动力机构 J 的需求功率最小，动力机构 M 的需求功率最大。图 7.50 中，在第一三象限，动力机构的发热功率是需求功率和负载功率之间的差值，而第二四象限的发热功率是需求功率和负载

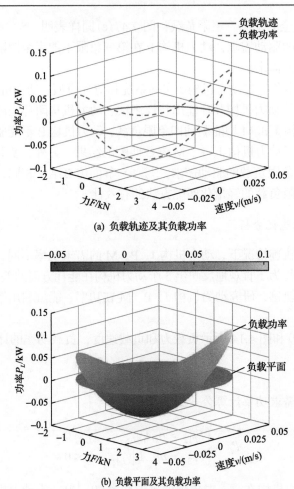

(a) 负载轨迹及其负载功率

(b) 负载平面及其负载功率

图 7.48 动力机构负载功率

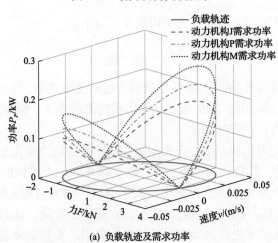

(a) 负载轨迹及需求功率

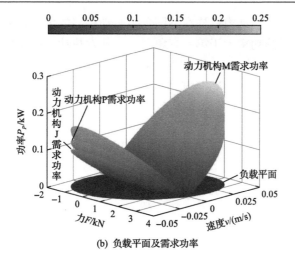

(b) 负载平面及需求功率

图 7.49　动力机构需求功率

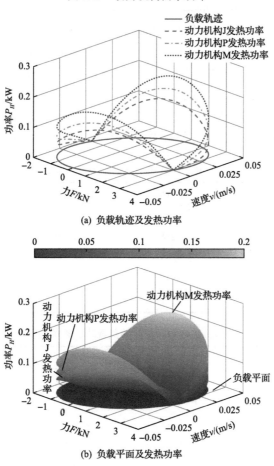

(a) 负载轨迹及发热功率

(b) 负载平面及发热功率

图 7.50　动力机构发热功率

功率之和。换言之，当动力机构在不同象限驱动相同的负载力和负载速度时，第二四象限产生的发热功率大于第一三象限产生的发热功率；在整个负载平面内，动力机构 J 的发热功率最小，动力机构 M 的发热功率最大。

在动力机构 J、P、M 功率分析的基础上，根据式(7.1)～式(7.3)，负载功、需求功和发热量的计算公式分别为

$$W_L = \int_0^T g(P_L)\mathrm{d}t \tag{7.4}$$

$$W_P = \int_0^T P_P\mathrm{d}t \tag{7.5}$$

$$W_H = \int_0^T P_H\mathrm{d}t \tag{7.6}$$

式中，$g(P_L)$ 为负载功率 P_L 的函数，当 P_L 小于零时，$g(P_L)$ 等于零，当 P_L 大于等于零时，$g(P_L)$ 等于 P_L；T 为动力机构驱动负载的时间(s)。

设控制系统的步长 $\Delta T = 0.001\mathrm{s}$，动力机构驱动负载运动 10 个周期，即 T=20s。根据式(7.4)～式(7.6)，计算动力机构 J、P、M 在第一三象限的负载功、需求功和发热量(表 7.23)，以及动力机构 J、P、M 在第四象限的负载功、需求功和发热量(表 7.24)。其中，能量利用率表示负载功与需求功的比值，发热量增长率表示与动力机构 J 发热量相比，动力机构 P 和动力机构 M 的发热量增长率。

表 7.23　动力机构 J、P、M 在第一三象限的负载功、需求功和发热量

参数	动力机构 J	动力机构 P	动力机构 M
负载功 W_L /kJ	0.625	0.625	0.625
需求功 W_P /kJ	1.274	1.589	1.971
能量利用率/%	49.06	39.33	31.71
发热量 W_H /kJ	0.649	0.963	1.346
发热量增长率/%	—	48.38	107.40

表 7.24　动力机构在第四象限的负载功、需求功和发热量

参数	动力机构 J	动力机构 P	动力机构 M
负载功 W_L /kJ	0.625	0.625	0.625
需求功 W_P /kJ	1.799	2.240	2.788
能量利用率/%	34.74	27.90	22.42
发热量 W_H /kJ	1.367	1.808	2.356
发热量增长率/%	—	32.26	72.35

从表 7.23 和表 7.24 可以看出，动力机构 J、P、M 的负载功相等；与动力机构 M 和 P 相比，动力机构 J 具有最小的需求功、最高的能量利用率和最小的发热量。另外，虽然第二四象限外负载向系统做功，但动力机构的运动仍需要高压油，相比于表 7.23，表 7.24 中动力机构的需求功增加，动力机构的发热量也更大。

上述分析表明，与传统匹配方法计算得到的动力机构相比，轻量化匹配方法计算得到的动力机构质量更小，不仅能驱动负载正常工作，而且具有较小的需求功和发热量，以及较好的节能特性。

7.5　YYBZ 型四足机器人轻量化效果验证

7.5.1　YYBZ 型四足机器人质量对比

对 YYBZ 型四足机器人液压驱动系统元部件进行加工，并测量其质量。图 7.51 为 YYBZ 型四足机器人液压驱动系统部分元部件及其质量。

(a) 髋纵摆关节液压驱动单元元部件及其质量

(b) 膝关节液压驱动单元元部件及其质量

(c) 液压油源部分元部件

图 7.51　YYBZ 型四足机器人液压驱动系统部分元部件及其质量

将上述 YYBZ 型四足机器人液压驱动系统元部件进行装配，获得 YYBZ 型四足机器人液压驱动系统，如图 7.52 所示。

(a) 髋横摆关节液压　　　(b) 髋纵摆关节液压　　　(c) 膝关节液压驱动单元　　　(d) 液压油源
　　驱动单元　　　　　　　驱动单元

图 7.52　YYBZ 型四足机器人液压驱动系统

通过对 YYBZ 型四足机器人液压驱动系统各部分进行称重、装配，统计获得 YYBZ 型四足机器人液压驱动系统质量，如表 7.25 所示，其中，不包括油液质量和液压油源与四条腿连接油管质量。

表 7.25　YYBZ 型四足机器人液压驱动系统质量

类别	单个质量/kg	机器人整机数量/个	总质量/kg
髋横摆关节液压驱动单元	4.600	4	18.400
髋纵摆关节液压驱动单元	1.260	4	5.040
膝关节液压驱动单元	1.595	4	6.380
液压油源	26.635	1	26.635
YYBZ 型四足机器人液压驱动系统	—	—	56.455

YYBZ 型四足机器人整机如图 7.53 所示。其中，YYBZ 单腿重约 13kg，YYBZ 型四足机器人整机重约 120kg，单腿和整机质量满足表 2.2 中的质量约束。

图 7.53　YYBZ 型四足机器人整机

作者团队前期参与设计了与本书同负重级别的液压四足机器人[47]，称其为传统液压四足机器人，图 7.54 为传统液压四足机器人单腿及整机。该机器人单腿重约 16.5kg，整机重约 150kg。与该型液压四足机器人相比，YYBZ 单腿减重约 21.2%，整机减重约 20.0%。

(a) 传统液压四足机器人单腿　　　　(b) 传统液压四足机器人整机

图 7.54　传统液压四足机器人单腿及整机

7.5.2　YYBZ 型四足机器人腿部关节运动边界验证

在液压四足机器人腿部关节铰点位置优化过程中，在不同的铰点位置，均需要保证各关节的转角，即满足关节角度的设计边界，以保证机器人的正常行走。利用如图 7.34 所示 YYBZ 型四足机器人单腿，将各关节液压驱动单元由完全缩回状态逐渐伸出至完全伸出状态，通过位移传感器实时检测各关节液压驱动单元的伸出长度，经运动学正解，计算机器人各关节的 D-H 角，并获得 YYBZ 型四足机器人液压驱动单元行程与 D-H 角间的映射关系，如图 7.55 所示。

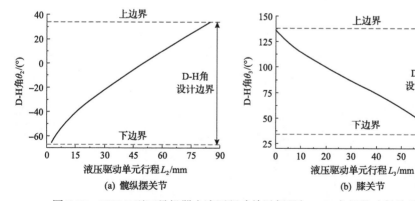

(a) 髋纵摆关节　　　　　　　　(b) 膝关节

图 7.55　YYBZ 型四足机器人液压驱动单元行程与 D-H 角间的映射关系

由图 7.55 可知，YYBZ 型四足机器人髋纵摆关节的 D-H 角范围为[−65.7°，34.5°]，膝关节的 D-H 角范围为[34.2°，137.3°]。因此，YYBZ 型四足机器人各关节运动角度包含角度设计边界，表明第 5 章的关节铰点位置优化算法及铰点位置约束体系的正确性。

7.6 YYBZ 型四足机器人液压驱动系统验证

7.6.1 YYBZ 单腿与传统单腿运动性能对比

YYBZ 型四足机器人四条腿的结构完全相同，其单腿运动性能决定着整机性能。因此，利用图 7.34 和图 7.54(a) 两个液压四足机器人单腿进行对比实验，以检验 YYBZ 单腿的运动性能。表 7.26 为液压四足机器人单腿测试工况。由于两个机器人单腿的足端运动空间不同，所以需要根据不同工况分别设置机器人足端的初始坐标。

表 7.26 液压四足机器人单腿测试工况

单腿状态	足端轨迹	参数	足端初始坐标/(mm, mm)	
			YYBZ 单腿	传统单腿
摆动相	阶跃	水平方向 100mm	(−100, 600)	(−3, 550)
		竖直方向 100mm	(−100, 600)	(−3, 550)
	正弦	水平方向 幅值 100mm，频率 2Hz	(−100, 600)	(−3, 550)
		竖直方向 幅值 100mm，频率 0.5Hz	(−100, 600)	(−3, 550)
		幅值 20mm，频率 0.5Hz	(−100, 600)	(−3, 550)
		幅值 20mm，频率 2Hz	(−100, 600)	(−3, 550)
	对角小跑步态 2km/h	步长 278mm，步高 80mm，步频 1s	(−150, 670)	(−3, 550)
着地相	正弦	竖直方向 幅值 80mm，频率 1Hz，负重 10kg	(40, 680)	(−100, 550)
		竖直方向 幅值 80mm，频率 1Hz，负重 20kg	(40, 680)	(−100, 550)

图 7.56 为液压四足机器人单腿摆动相实验测试照片，图 7.57 为液压四足机器

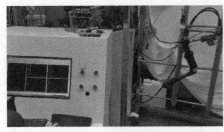

(a) YYBZ单腿测试 (b) 传统单腿测试

图 7.56 液压四足机器人单腿摆动相实验测试照片

(a) YYBZ单腿测试

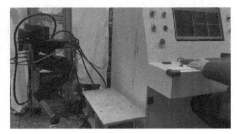
(b) 传统单腿测试

图 7.57　液压四足机器人单腿着地相实验测试照片

人单腿着地相实验测试照片。

　　为了便于相同工况下的对比，将两个机器人的足端响应曲线均平移至初始位置 $(0,0)$，获得机器人足端响应曲线及偏差曲线，如图 7.58～图 7.66 所示。

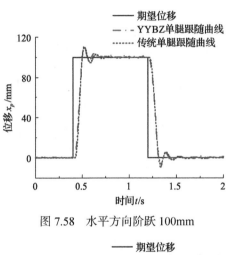
图 7.58　水平方向阶跃 100mm

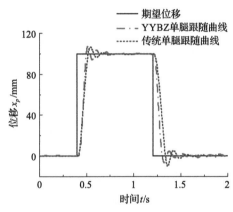
图 7.59　竖直方向阶跃 100mm

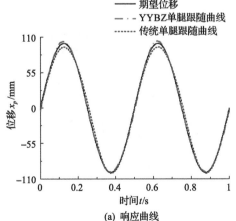
(a) 响应曲线

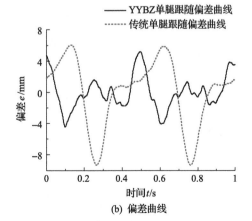
(b) 偏差曲线

图 7.60　水平方向 100mm 幅值、2Hz 频率正弦输入位置

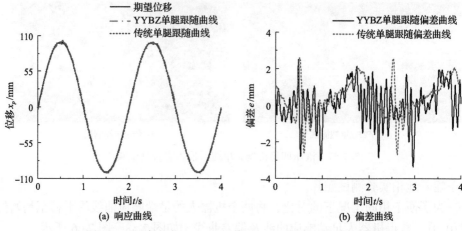

图 7.61　竖直方向 100mm 幅值、0.5Hz 频率正弦输入位置

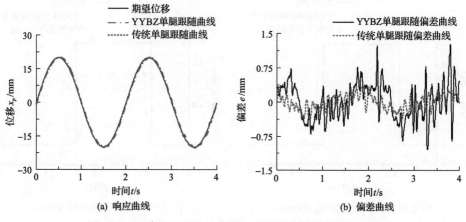

图 7.62　竖直方向 20mm 幅值、0.5Hz 频率正弦输入位置

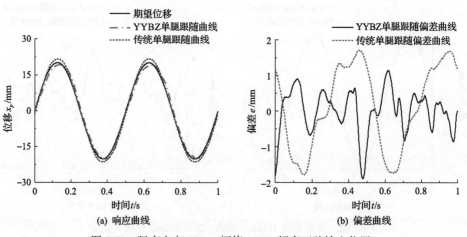

图 7.63　竖直方向 20mm 幅值、2Hz 频率正弦输入位置

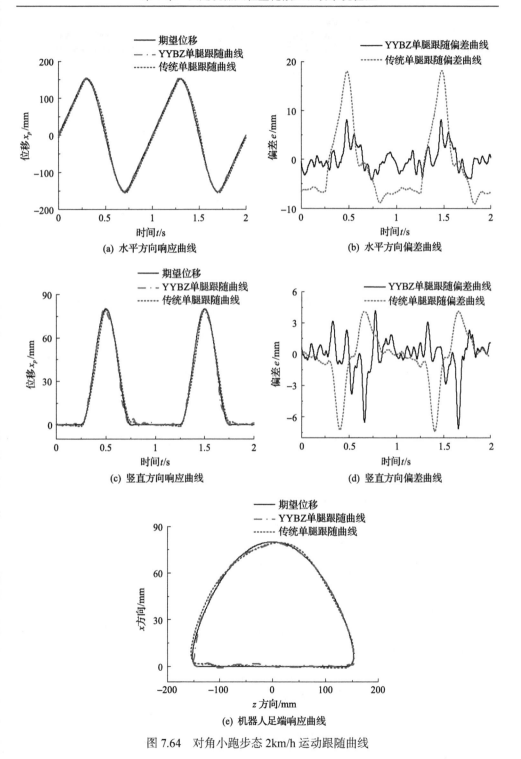

(a) 水平方向响应曲线

(b) 水平方向偏差曲线

(c) 竖直方向响应曲线

(d) 竖直方向偏差曲线

(e) 机器人足端响应曲线

图 7.64　对角小跑步态 2km/h 运动跟随曲线

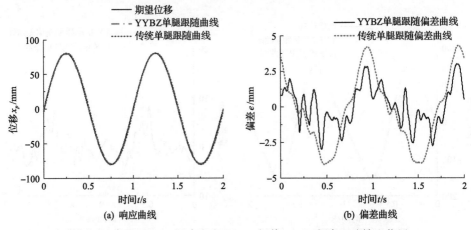

图 7.65　负重 10kg、竖直方向 80mm 幅值、1Hz 频率正弦输入位置

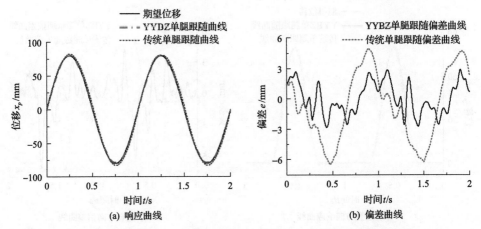

图 7.66　负重 20kg、竖直方向 80mm 幅值、1Hz 频率正弦输入位置

图 7.58 中，YYBZ 单腿水平方向向前阶跃 100mm 的上升时间为 99.7ms、最大超调量为 11.26%，向后阶跃 100mm 的上升时间为 111.5ms、最大超调量为 9.39%；传统单腿向前阶跃 100mm 的上升时间为 100.3ms、最大超调量为 10.57%，向后阶跃 100mm 的上升时间为 116.6ms、最大超调量为 6.80%。图 7.59 中，YYBZ 单腿竖直方向向下阶跃 100mm 的上升时间为 97.5ms、最大超调量为 7.84%，向上阶跃 100mm 的上升时间为 101.9ms、最大超调量为 6.56%；传统单腿向下阶跃 100mm 的上升时间为 117.9ms、最大超调量为 6.96%，向上阶跃 100mm 的上升时间为 135.3ms、最大超调量为 9.90%。通过对比上述数据可以看出，在水平方向上，两个液压四足机器人单腿阶跃运动的响应速度接近；在竖直方向上，YYBZ 单腿的响应速度更快。

图 7.60～图 7.64 中，当液压四足机器人足端做正弦运动或 "馒头" 形运动时，

在低频小幅度运动过程中，两个机器人单腿的足端控制精度基本相同；在高频或大幅度运动过程中，YYBZ 单腿的足端控制精度更高；由此体现出 YYBZ 单腿在高频大幅度运动中的优势。

图 7.65 和图 7.66 中，机器人足端着地，并依次负重 10kg 和 20kg，在相同幅值和频率的正弦运动情况下，YYBZ 单腿的足端控制精度均高于传统单腿；负重由 10kg 增加至 20kg，两个单腿的足端控制精度均略有降低，且传统单腿的足端控制精度下降得更多。

综上所述，YYBZ 单腿质量较传统单腿更轻，在以上几种相同工作参数和负载工况的低频小幅度运动实验中，YYBZ 单腿的运动性能不亚于传统单腿的运动性能；由于 YYBZ 单腿在以上几种相同工作参数和负载工况的高频大幅度运动实验中，具有运动产生惯性力更小的特点，所以其性能和承载能力更具优势。

7.6.2　YYBZ 型四足机器人运动性能验证

1. YYBZ 型四足机器人运动测试

对 YYBZ 型四足机器人进行蹲起、踏步、Walk 步态和 Trot 步态的运动测试。机器人在实际运动过程中，会受到诸如装配、机器人质心偏离等因素的影响，因此需进一步加入机器人步态调整及姿态控制等顶层方面的控制程序，才能获得更好的运动效果。图 7.67 为 YYBZ 型四足机器人 Trot 步态运动视频截图。

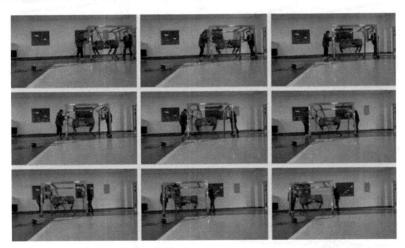

图 7.67　YYBZ 型四足机器人 Trot 步态运动视频截图

2. YYBZ 型四足机器人关节负载轨迹包络验证

由液压四足机器人动力学仿真和实验发现，在相同步态下，2 条后腿的负载特性基本相同，且后腿的负载特性通常大于前腿，特别是在加速运动阶段。因此，在对 YYBZ 型四足机器人蹲起、踏步、Walk 步态和 Trot 步态的运动进行测试时，通过传感器检测机器人右后腿各关节液压驱动单元的速度和输出力，获得不同运动状态下 YYBZ 型四足机器人右后腿髋纵摆关节和膝关节液压驱动单元负载轨迹，如图 7.68～图 7.71 所示。

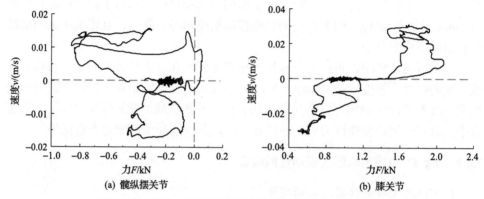

(a) 髋纵摆关节　　　　　　　　　　(b) 膝关节

图 7.68　YYBZ 型四足机器人蹲起液压驱动单元负载轨迹

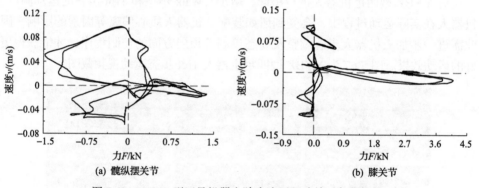

(a) 髋纵摆关节　　　　　　　　　　(b) 膝关节

图 7.69　YYBZ 型四足机器人踏步液压驱动单元负载轨迹

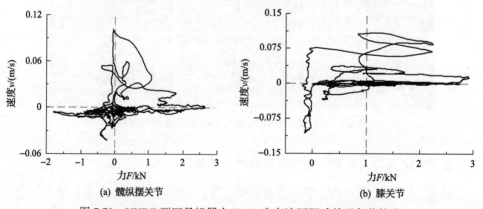

(a) 髋纵摆关节　　　　　　　　　　(b) 膝关节

图 7.70　YYBZ 型四足机器人 Walk 步态液压驱动单元负载轨迹

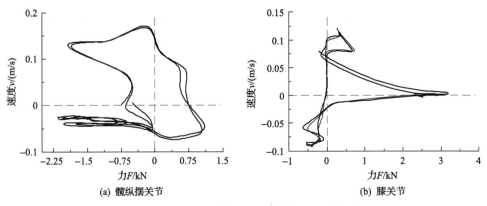

图 7.71　YYBZ 型四足机器人 Trot 步态液压驱动单元负载轨迹

在对 YYBZ 型四足机器人运动测试过程中，系统压力为 14MPa，回油背压约为 0.5MPa，根据机器人关节液压驱动单元参数，并结合图 7.68~图 7.71，获得 YYBZ 型四足机器人关节实验负载轨迹与动力机构输出特性曲线，如图 7.72 所示。

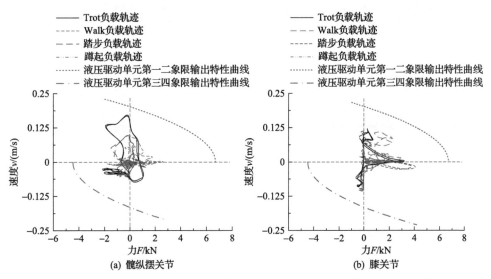

图 7.72　YYBZ 型四足机器人关节实验负载轨迹与动力机构输出特性曲线

图 7.72 中，YYBZ 型四足机器人右后腿各关节动力机构输出特性曲线能完全包络机器人 4 种运动的负载轨迹，表明该液压驱动系统能驱动机器人完成蹲起、踏步、Walk 步态和 Trot 步态运动，该分析结果与实验结果相符。

为了排除物理样机质心偏离等因素的影响，也削弱机器人对顶层控制的依赖，本节利用 YYBZ 型四足机器人仿真模型对机器人的极限工况（正向 6km/h+侧向 1.2km/h 的对角小跑步态和 Jump 步态）进行验证，以获得机器人各关节负载轨迹，并设置液压驱动系统的系统压力为 21MPa、回油背压为 0.5MPa，从而获得 YYBZ

型四足机器人关节仿真负载轨迹与动力机构输出特性曲线，如图 7.73 所示。

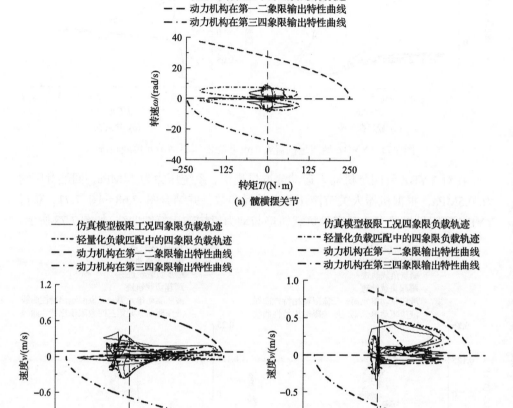

图 7.73　YYBZ 型四足机器人关节仿真负载轨迹与动力机构输出特性曲线

图 7.73 中，YYBZ 型四足机器人关节动力机构输出特性曲线能完全包络极限工况的负载轨迹和轻量化负载匹配中的负载轨迹，表明该液压驱动系统具备驱动机器人完成上述极限工况下运动的能力，该液压驱动系统满足设计指标，同时也验证了四足机器人液压驱动系统轻量化参数匹配方法的有效性。

7.7　本章小结

本章基于液压驱动系统轻量化匹配设计方法，构建了 YYBZ 型四足机器人整机仿真模型与实验平台，对通过液压驱动系统轻量化匹配设计所得到的液压驱动单元与液压四足机器人进行仿真及实验验证。

本章通过建立含液压驱动单元的整机动力学模型，结合实验平台数据校核模型精度；搭建了阀控液压系统四象限负载实验平台，对比传统匹配与轻量化匹配的负载轨迹差异，分析能耗特性；通过单腿实验台测试不同步态(蹲起、踏步等)下的位移跟踪性能以及 20kg 负重能力；基于整机平台验证了 6km/h 最大行进速度及 Jump、Trot 等动态步态的适应性。单腿实验验证了 2Hz 运动频率下 100mm 幅值的轨迹跟踪精度，四象限负载测试表明新型驱动单元输出特性可完整覆盖 Trot 步态负载需求。

通过本章的实验验证及分析，可知与传统负载匹配获得的液压驱动单元相比，轻量化负载匹配液压驱动单元能耗和发热量更低；与传统液压四足机器人相比，单腿竖直方向的某工况响应速度提升了约 30%；由于重量更轻，YYBZ 型四足机器人运动产生的惯性更小，运动性能和承载能力有一定的优势。

第8章 总结与展望

8.1 总　　结

本书主要研究了四足机器人液压驱动系统轻量化设计方法，以获得其原始设计阶段的轻量化参数为目标。为此，本书深入探讨了动力机构与四象限负载的轻量化匹配方法研究、四足机器人关节铰点位置优化算法研究，最终提出了一种四足机器人液压驱动系统轻量化参数匹配方法。同时，本书还介绍了 YYBZ 型四足机器人机电液控系统的软硬件组成，针对此类机器人液压驱动系统进行了轻量化参数匹配，并通过对比验证了上述轻量化设计方法的有效性。本书主要介绍了以下 4 项研究内容：

(1)将典型液压四足机器人划分为机械系统、控制系统和液压驱动系统，明确了机器人液压驱动系统轻量化的重要性；为了满足四足机器人液压驱动系统的高集成和轻量化要求，提出了一种旋转配油形式的机器人腿部新结构；利用五次多项式轨迹规划方法，设计了兼顾适应 Walk 步态和 Trot 步态的足端轨迹，并将其应用于四足机器人动力学仿真和四足机器人实际运动控制。

(2)针对液压四足机器人普遍采用的阀控液压系统，定义了系统有效压力，以描述动力机构四象限输出特性；提出了四象限负载等效方法，将四象限负载等效至第一、二象限，简化了四象限负载匹配；结合机器人轻量化需求和动力机构的驱动需求，提出了轻量化的负载匹配指标，并设计了轻量化的负载匹配方法；提出了等速度平方刚度的动力机构参数修正方法，在保证驱动性能的同时获得合适的动力机构。仿真和实验对比验证表明：轻量化负载匹配方法计算得到的动力机构能正常驱动四象限负载，与传统负载匹配计算的动力机构相比，轻量化负载匹配获得的动力机构具有更小的需求功和发热量，且具有较好的节能特性。

(3)建立了一个通用数学模型来表征串联铰接形式机器人单腿的铰点位置，并推导了机器人腿部关节液压驱动单元等效质量的通用表达；提出了机器人关节铰点位置约束体系(位置约束、三角形约束、液压驱动单元行程约束、机器人腿部构型约束)及其优化指标，并基于粒子群优化算法设计了四足机器人腿部关节轻量化铰点位置优化算法。该算法能够对四足机器人关节铰点位置进行寻优，从而减轻了液压驱动系统的质量，并优化了液压驱动系统的质量分布。通过 YYBZ 单腿关节运动边界验证了铰点位置优化算法及铰点位置约束体系的有效性。

(4)基于四足机器人液压驱动系统轻量化参数匹配方法和自动匹配程序，对

YYBZ 型四足机器人液压驱动系统进行了轻量化参数匹配，获得了该型四足机器人各关节液压驱动单元结构参数、铰点位置及液压油源流量曲线；介绍了该型四足机器人机电液控系统软硬件组成，建立了 YYBZ 型四足机器人液压驱动系统及整机的三维模型，并设计加工了该型四足机器人单腿和整机。通过对 YYBZ 型四足机器人的不同步态测试，表明 YYBZ 型四足机器人液压驱动系统具备驱动该机器人完成各种步态运动的能力。与同级别的传统单腿和整机相比，YYBZ 单腿和整机大幅减重，并达到了性能设计要求。

从上述研究内容中可归纳出以下 3 个核心创新点：

(1) 提出了一种兼顾质量和驱动性能的动力机构与四象限负载的轻量化匹配方法。针对动力机构与负载匹配过程中的轻量化问题，完善仅以功率为唯一指标的传统方法，给出兼顾动力机构质量和性能的轻量化指标，实现动力机构与四象限负载的轻量化匹配。

(2) 提出了一种平衡腿部液压驱动单元输出力与速度的轻量化铰点位置优化算法。四足机器人腿部关节液压驱动单元出力、速度和液压油源流量均与机器人关节铰点位置存在耦合，通过关节铰点位置优化，以轻量化为目标实现机器人腿部各关节液压驱动单元输出力与速度的寻优，优化其质量分布。

(3) 提出了一种融合负载匹配和铰点优化的机器人液压驱动系统轻量化设计方法。在机器人腿部关节铰点选取和液压驱动系统负载匹配过程中，考虑两者耦合特性，使负载轨迹和动力机构输出特性均可调整，液压驱动系统的设计灵活性更高，易从整体上获得更优方案，实现更大幅度的减重。

8.2　展　　望

本书研究成果对完善足式机器人液压驱动系统设计方法、减轻机器人质量、提升机器人性能和续航能力具有一定的参考价值。足式机器人的液压驱动系统包含关节液压驱动单元、液压控制软硬件和液压动力单元，是这类机器人必备的"肌肉"、"神经"和"内脏"。其中，"肌肉"的功重比决定着机器人运动的爆发力，"神经"决定着机器人的反应及柔顺性能，"内脏"为机器人提供充足稳定的液压能量、保持油液清洁和油温调控等，整个液压驱动系统质量占机器人整机总质量的 60%以上，影响着机器人的负重极限。因此，液压驱动系统的高功重比、快且柔、轻量化是提升液压足式机器人运动性能、加速其产业化应用进程的重要途径。在本书介绍的四足机器人液压驱动系统轻量化方法的基础上，如何能在关节有限空间内使液压"肌肉"功重比提升至极限、如何能在瞬间冲击下使液压"神经"极速反应并精准柔顺缓冲、如何能在机器人原始设计萌芽中使液压驱动单元及系统达到最轻？有必要进一步将轻量化与自然界仿生学、控制技术和增材制造技术等进行深入融合。

8.2.1 轻量化与自然界仿生学的深入融合

依托本书轻量化设计方法形成的一体化液压"肌肉"相对于自然界哺乳动物肌肉仿生机理与功能而言，仍有诸多提升空间。对于足式哺乳动物，骨骼肌为肌肉的一种典型种类，由肌腹和肌腱组成，肌腹发力，肌腱与骨骼相连，血管位于骨骼肌内部，对于同一科目的哺乳动物，其髋关节、膝关节和踝关节的骨骼肌布置、收缩长度、质量、输出功率、固有响应均存在确定比例。对于足式机器人，液压驱动单元的主体结构类似于肌腹，两侧铰点类似于肌腱，以肢体各关节的骨骼肌布置、质量、出力、速度、行程及响应需求参数为输入，研究融入仿生功率匹配与质量分布的缸腿一体化液压驱动单元"定制化"设计方法，解决由此带来的科学问题，将有助于提升机器人四肢运动能力，突破四足机器人运动性能极限。

在自然界中，足式哺乳动物可适应不同的地形和环境，也可通过不同步态实现不同步速。经过进化，四足动物腿部呈现大腿肌肉体积大、出力大，小腿肌肉体积和出力都相对较小的特点，类比到四足机器人，其腿部各关节液压驱动单元应具有不同的功率特性。基于四足哺乳动物腿部各关节功率输出特性，得到机器人腿部复合驱动形式，匹配各关节液压驱动单元参数、铰接位置及控制形式，使其具备参数更像哺乳动物骨骼肌的"肌腹"与"肌腱"。根据哺乳动物腿部各关节肌肉的敏捷与力量匹配规律，研究机器人关节兼顾响应与质量的负载特性及液压驱动单元匹配方法，形成机器人腿部肌肉具备大出力关节"粗"、小出力关节"细"的仿生设计方法；根据四足哺乳动物腿部各关节肌肉的敏捷与能耗匹配规律，研究机器人关节泵控与阀控复合液压驱动模式，形成"功率大且敏捷低"关节泵控、"功率小且敏捷高"关节阀控的仿生驱动方法。

在自然界中，不同奔跑速度和负重能力的足式哺乳动物躯干与四肢的质量分布比例差异明显，足式机器人的运动能力、承载能力等核心性能也受其质量分布的影响。针对四足机器人质量及其分布对其性能的影响规律开展研究，建立机器人质量分布优化指标，形成机器人腿部关节高效驱动布置方案；结合机器人质量分布方案及关节驱动布置方案，利用机器人运动学、动力学及灵敏度分析理论，形成机器人整机状态下运动稳定性和峰值频率的评价指标体系；应用拓扑优化理论，研究新型缸腿一体化关节结构，形成一体化设计方法，制造多种"骨""肌"一体化腿部机构。基于不同类型四足哺乳动物肢体质量分布及其运动性能参数，提出足式机器人质量分布与性能耦合机制及多目标寻优方法，研究液压驱动单元与机械结构一体化设计方法，以及机器人肢体"允许重的部位"多排布质量、"需要轻的部位"少排布质量的仿生排布方法。依据含机器人躯干与腿部质量的动力学模型，分析不同质量分布对机器人稳定性和峰值运动频率的影响规律，设计整机质量分布优化定量指标，优化多工况多步态下机器人质量分布，形成高速轻载机器人"腿轻躯干重"、低速重载机器人"腿重躯干轻"的仿生排布方法；借鉴哺乳动物肌肉只出力不支撑的功能特性，分析液压驱动单元壳体与机械结构共壁支撑对腿部刚度及强度的影响规律，研究优化缸杆、缸筒、铰接支撑结构等液压驱动单元的机械部件参数与腿部机械结构参数优化算法，形成液压驱动单元"肌肉"的机械部件替代部分腿部机械结构"骨骼"功能的一体化设计方法。

8.2.2　轻量化与控制技术的深入融合

本书提出了一种轻量化设计方法，用于设计液压驱动的四足机器人。然而，在设计这种机器人时，并没有特别考虑腿部关节的液压底层控制方式，而是更多地关注了机械结构和液压系统的设计。这意味着，控制方法必须适应机械结构和液压系统，导致控制方法在机理上受到限制，无法发挥出最大潜能。因此，需要打破现有的先设计机器人腿部结构再研究控制算法的传统理念，从而在设计这类机器人时既考虑控制方法，又能使整体腿部结构在保证驱动性能的前提下更加轻量化。为了解决这个难题，基于前期研究的阻抗新构型柔顺控制理论体系，使多自由度腿部各关节可以采用不同内环核心控制方式，提出一种可以同时兼顾控制性能和轻量化的液压"肌肉"与负载的匹配新方法，解决关节液压"肌肉"的轻量化与控制技术匹配问题。

液压四足机器人腿部各关节采用不同的液压控制方式，包括位置控制或力控制，形成机器人腿部"神经"；结合液压"肌肉"与负载匹配新方法和仿生结构框架设计新方法，得到与控制方法"相辅相成"的腿部关键设计参数，进而形成与腿部"神经"相匹配的腿部轻量化"骨骼"框架。

在实现四足机器人液压驱动系统轻量化设计的基础上，需要借助液压驱动系统控制算法来实现高性能的运动。目前，现有的液压足式机器人底层液压控制均采用位置/力闭环控制，期望位置/力控制指令通过主控制器顶层"大脑"实时计算生成。然而，这种方法尚未形成类似哺乳动物的适应多工况的多层运动神经调控功能。因此，未来的研究中可以模仿四足哺乳动物不同"骨骼肌"的运动神经传导速率，采用灵敏度分析方法研究液压驱动系统不同关节响应速度对机器人运动性能的影响规律及程度，形成基于仿生运动"神经"功能的液压驱动系统分层控制框架；模仿四足哺乳动物的条件反射运动和非条件反射运动，通过模拟机器人不同运动及外界扰动，研究类似非条件反射运动的快速预判控制方法，训练类似条件反射运动的快速前馈控制方法，融合位置/力/柔顺/接触力闭环控制及优先级分层方法，形成基于仿生"神经"速率的液压驱动系统多层控制方法。

8.2.3　轻量化与增材制造技术的深入融合

通过轻量化设计方法可实现四足机器人液压驱动系统轻量化参数的匹配，包含液压油源、动力机构与机械铰点位置等参数。在满足轻量化设计参数的前提条件下，为进一步实现机器人整机轻量化，需重点对液压驱动系统中关键部件开展轻量化设计。对液压油源进行小型化设计，实现多部件空间紧凑布局与多功能集成优化，形成机器人小型化液压"内脏"；对液压驱动单元进行一体化设计，实现多功能集成构型设计与结构拓扑优化，进一步融入缸腿一体化设计理念，形成机器人轻量化液压骨骼与一体化液压肌肉。基于机器人液压驱动单元和液压油源的仿生设计思路，从系统新集成、材料新应用、设计新方法和制造新工艺等方面着手，融合增材制造技术，以期实现液压驱动系统关键部件进一步减重，进而提升机器人负重能力与运动性能。

四足机器人动力机构(即液压驱动单元)主要由集成块和所装配的控制阀件等组成，其中液压流道作为主要设计因素。在车铣刨磨等传统加工方式下，流道的设计直接决定了单元的质量和体积。因此，对液压流道进行设计是实现液压集成单元轻量化的重要内容。金属增材制造可成形复杂弯曲流道，去除传统制造中不可避免的工艺孔，将孔系结构流道变为管网结构，实现集成单元轻量化。在液压驱动单元原始设计上引入增材制造技术，考虑元件功能集成，从而实现结构的整体化，达到"快速反应，无模敏捷制造"的定制化设计目标。同时，围绕设计方法、工艺调控、性能检测三方面开展研究，以压力损失、整体质量与强度为优化目标设计复杂形式液压流道，探索液压驱动单元整体和局部结构轻量化设计方法。

四足机器人液压油源主要是由液压集成块、液压阀体等组成的。增材制造技术的发展为液压集成元件的制造提供了一种全新解决方案，由此可获得结构更紧凑、体积更小、质量更轻的液压集成元件。目前，增材制造技术在液压管、液压集成块、液压泵等方面都有应用，与传统减材制造液压集成元件相比，利用增材制造技术可实现复杂液压流道加工，获得的液压集成元件结构紧凑、空间利用率高、体积和质量更小。将液压动力单元根据功能原理进行模块化划分，依据模块边界提出液压油源模块排布方法，以压力损失、空间尺寸与整体质量为优化目标，融合增材制造技术，加工装配形成高集成小型化液压油源。

新材料和新工艺的应用为液压集成元件的轻量化提供了途径，同时对液压集成元件的控形控性制造提出了新的挑战。应用复合材料能提高液压集成元件轻量化程度，但金属、非金属结构复合布局与高强连接方案仍有待探索，非金属材料的尺寸精度稳定性与服役蠕变机理仍不明确，而且目前尚无针对液压缸结构特征的复合材料成型理论方法，其性能与传统液压缸相比未知。应用增材制造成型工艺，在流道排布和结构设计方面均具有较大自由度，然而如何基于分层制造的特点控制液压元件的结构，以及如何保证增材制造成型达到或超越传统制造方法的力学性能，尚需开展研究。因此，需通过分别揭示材料和工艺的新应用对液压集成元件结构以及性能的影响规律，实现控形控性的目标，也是未来亟须解决的关键科学问题。

参 考 文 献

[1] He Z W, Meng F, Chen X C, et al. Controllable height hopping of a parallel legged robot[J]. Applied Sciences, 2021, 11(4): 1421.

[2] Ruan Q, Wu J X, Yao Y N. Design and analysis of a multi-legged robot with pitch adjustive units[J]. Chinese Journal of Mechanical Engineering, 2021, 34(1): 64.

[3] Silva M F, Machado J A T. A historical perspective of legged robots[J]. Journal of Vibration & Control, 2007, 13(9-10): 1447-1486.

[4] Sonker R, Dutta A. Adding terrain height to improve model learning for path tracking on uneven terrain by a four wheel robot[J]. IEEE Robotics and Automation Letters, 2020, 6(1): 239-246.

[5] Chan R P M, Stol K A, Halkyard C R. Review of modelling and control of two-wheeled robots[J]. Annual Reviews in Control, 2013, 37(1): 89-103.

[6] Sidi M H A, Hudha K, Abd Kadir Z, et al. Modeling and path tracking control of a tracked mobile robot[C]. IEEE 14th International Colloquium on Signal Processing & Its Applications, Penang, 2018: 72-76.

[7] Grigore L S, Oncioiu I, Priescu I, et al. Development and evaluation of the traction characteristics of a crawler EOD robot[J]. Applied Sciences, 2021, 11(9): 3757.

[8] Pettersen K Y. Snake robots[J]. Annual Reviews in Control, 2017, 44: 19-44.

[9] Liu J D, Tong Y C, Liu J G. Review of snake robots in constrained environments[J]. Robotics and Autonomous Systems, 2021, 141: 103785.

[10] Kim M O, Jeong U, Choi D, et al. Tendon-driven continuum robot systems with only a single motor and a radius-changing pulley[C]. 20th International Conference on Control, Automation and Systems, Busan, 2020: 945-949.

[11] Jaramillo-Morales M F, Dogru S, Marques L, et al. Predictive power estimation for a differential drive mobile robot based on motor and robot dynamic models[C]. The 3rd IEEE International Conference on Robotic Computing, Naples, 2019: 301-307.

[12] Stoll J T, Schanz K, Pott A. A compliant and precise pneumatic rotary drive using pneumatic artificial muscles in a swash plate design[C]. International Conference on Robotics and Automation, Montreal, 2019: 3088-3094.

[13] Zhong J, He D K, Zhao C, et al. An rehabilitation robot driven by pneumatic artificial muscles[J]. Journal of Mechanics in Medicine and Biology, 2020, 20(9): 1-10.

[14] Cho B, Kim S W, Shin S, et al. Energy efficient control of onboard hydraulic power unit for hydraulic bipedal robots[J]. The Journal of Korea Robotics Society, 2021, 16(2): 86-93.

[15] Peng X J, Chen G Z, Tang Y J, et al. Trajectory optimization of an electro-hydraulic robot[J].

Journal of Mechanical Science and Technology, 2020, 34(10): 4281-4294.

[16] 巴凯先, 孔祥东, 朱琦歆, 等. 液压驱动单元基于位置/力的阻抗控制机理分析与实验研究[J]. 机械工程学报, 2017, 53(12): 172-185.

[17] Niquille S C. Regarding the pain of SpotMini: Or what a robot's struggle to learn reveals about the built environment[J]. Architectural Design, 2019, 89(1): 84-91.

[18] Hutter M, Gehring C, Jud D, et al. ANYmal—A highly mobile and dynamic quadrupedal robot[C]. IEEE/RSJ International Conference on Intelligent Robots and Systems, Daejeon, 2016: 38-44.

[19] Hwangbo J, Lee J, Dosovitskiy A, et al. Learning agile and dynamic motor skills for legged robots[J]. Science Robotics, 2019, 4(26): 1-13.

[20] 朱秋国. "绝影"机器人助力智慧安防[J]. 中国测绘, 2019, (3): 31-33.

[21] UnitreeRobotics. Laikago Pro[EB/OL]. https://www.unitree.com/cn/products/laikago. [2022-3-20].

[22] Raibert M, Blankespoor K, Nelson G, et al. BigDog, the rough-terrain quadruped robot[C]. Proceedings of the 17th World Congress, Seoul, 2008: 10822-10825.

[23] Michael K. Meet Boston Dynamics' LS3—The latest robotic war machine[EB/OL]. https://works.bepress.com/kmichael/291/. [2022-3-20].

[24] 张田勘. "人机共舞"的终极目标[J]. 百科知识, 2021, (7): 30-31.

[25] Semini C, Barasuol V, Goldsmith J, et al. Design of the hydraulically actuated, torque-controlled quadruped robot HyQ2Max[J]. IEEE-ASME Transactions on Mechatronics, 2017, 22(2): 635-646.

[26] Semini C, Barasuol V, Focchi M. Brief introduction to the quadruped robot HyQReal[C]. Italian Conference on Robotics and Intelligent Machines, Roma, 2019: 1-2.

[27] 左美燕. 轻量化臂架液压缸设计[J]. 液压气动与密封, 2019, 39(10): 75-77, 81.

[28] Kuindersma S, Deits R, Fallon M, et al. Optimization-based locomotion planning, estimation, and control design for the Atlas humanoid robot[J]. Autonomous Robots, 2016, 40(3): 429-455.

[29] Boston Dynamics. Atlas[EB/OL]. https://www.bostondynamics.com/atlas. [2022-3-20].

[30] Griffin R J, Wiedebach G, McCrory S, et al. Footstep planning for autonomous walking over rough terrain[C]. IEEE-RAS 19th International Conference on Humanoid Robots, Toronto, 2019: 9-16.

[31] 王伟, 袁雷, 王晓巍. 飞机增材制造制件的宏观结构轻量化分析[J]. 飞机设计, 2015, 35(3): 24-28.

[32] Mosher R S. Test and evaluation of a versatile Walking Truck[C]. Proceedings of the Off-Road Mobility Research Symposium, Washington D.C., 1968: 359-379.

[33] 纵怀志, 张军辉, 张堃, 等. 液压四足机器人元件与液压系统研究现状与发展趋势[J]. 液压与气动, 2021, 45(8): 1-16.

[34] Playter R, Buehler M, Raibert M. BigDog[C]. Conference on Unmanned Systems Technology VIII, Kissimmee, 2006: 896-901.

[35] 俞滨, 李化顺, 黄智鹏, 等. 足式机器人液压驱动关键技术研究综述[J]. 机械工程学报, 2023, 59(19): 81-110.

[36] Boston Dynamics. Spot[EB/OL]. https://www.bostondynamics.com/spot. [2022-3-20].

[37] de Waard M, Inja M, Visser A. Analysis of flat terrain for the Atlas robot[C]. The 3rd Joint Conference of AI and Robotics, Tehran, 2013: 52-57.

[38] Atlas, the next generation[EB/OL]. https://www.bilibili.com/video/BV1KW411P7tK/?p=2. [2021-11-2].

[39] 波士顿动力 Atlas 机器人技术细节分析[EB/OL]. http://www.ihydrostatics.com/25940/. [2022-3-20].

[40] What's new, Atlas?[EB/OL]. https://www.youtube.com/watch?v=rVlhMGQgDkY. [2022-3-20].

[41] 郑续玲. 爱跳舞的机器人[J]. 少年电脑世界, 2021, (5): 8-9.

[42] Semini C. HyQ-design and development of a hydraulically actuated quadruped robot[D]. Genoa: Italian Institute of Technology and University of Genoa, 2010.

[43] Khan H, Kitano S, Frigerio M, et al. Development of the lightweight hydraulic quadruped robot-MiniHyQ[C]. IEEE International Conference on Technologies for Practical Robot Applications, Woburn, 2015: 1-6.

[44] 李贻斌, 李彬, 荣学文, 等. 液压驱动四足仿生机器人的结构设计和步态规划[J]. 山东大学学报(工学版), 2011, 41(5): 32-36, 45.

[45] 柴汇. 液压驱动四足机器人柔顺及力控制方法的研究与实现[D]. 济南: 山东大学, 2016.

[46] 杨琨. 液压驱动四足机器人能耗分析、优化及动力系统研究[D]. 济南: 山东大学, 2019.

[47] 蒋振宇. 基于 SLIP 模型的四足机器人对角小跑步态控制研究[D]. 哈尔滨: 哈尔滨工业大学, 2014.

[48] 朱立松. 仿生液压四足机器人控制系统关键技术研究[D]. 北京: 北京理工大学, 2016.

[49] 薛勇. 多关节机器人仿生液压驱动技术及效率研究[D]. 长沙: 国防科学技术大学, 2016.

[50] 司振飞. 基于多传感器信息融合的足式机器人本体状态估计方法研究[D]. 长沙: 国防科学技术大学, 2017.

[51] Zeng P P, An H L, Wang J, et al. On local active compliance control strategy for a redundant prototype leg of hydraulic-driving quadruped robot[C]. The 36th Chinese Control Conference, Dalian, 2017: 6856-6862.

[52] 蔡润斌. 四足机器人运动规划及协调控制[D]. 长沙: 国防科学技术大学, 2013.

[53] 邓黎明. 四足小象机器人实时控制系统的设计与研究[D]. 上海: 上海交通大学, 2014.

[54] 王东坤. 人形机器人步态规划及关节液压驱动单元变阻抗补偿控制[D]. 秦皇岛: 燕山大学, 2018.

[55] Zhu Q X, Yu B, Huang Z P, et al. State feedback-based impedance control for legged robot hydraulic drive unit via full-dimensional state observer[J]. International Journal of Advanced Robotic Systems, 2020, 17(3): 1-15.

[56] Yu B, Zhu Q X, Yao J, et al. Design, mathematical modeling and force control for electro-hydraulic servo system with pump-valve compound drive[J]. IEEE Access, 2020, 8: 171988-172005.

[57] Ba K X, Yu B, Gao Z J, et al. An improved force-based impedance control method for the HDU of legged robots[J]. ISA Transactions, 2019, 84: 187-205.

[58] 王春行. 液压控制系统[M]. 北京: 机械工业出版社, 1999.

[59] Merritt H E. Hydraulic Control Systems[M]. New York: John Wiley & Sons, 1967.

[60] 李洪人. 液压控制系统[M]. 北京: 国防工业出版社, 1981.

[61] 钟建锋. 四足机器人液压驱动系统设计与控制研究[D]. 武汉: 华中科技大学, 2014.

[62] Hyon S H, Suewaka D, Torii Y, et al. Design and experimental evaluation of a fast torque-controlled hydraulic humanoid robot[J]. IEEE-ASME Transactions on Mechatronics, 2017, 22(2): 623-634.

[63] 王鑫涛, 杜星. 基于负载匹配的阀控液压缸匹配特性研究[J]. 液压与气动, 2019, (5): 117-121.

[64] 刘萌萌. 基于关节轨迹的液压四足机器人作动器参数匹配研究[D]. 哈尔滨: 哈尔滨理工大学, 2019.

[65] 叶思聪. 关于阀控动力机构的最佳匹配[J]. 长安大学学报, 1984, 1: 77-83.

[66] 盛伯羽. 液压动力机构的最佳匹配[J]. 光学精密工程, 1993, 1(3): 60-66.

[67] 邵俊鹏, 刘萌萌, 孙桂涛. 液压四足机器人最优负载匹配仿真及实验[J]. 哈尔滨理工大学学报, 2020, 25(2): 8-15.

[68] 邵俊鹏, 刘萌萌, 孙桂涛. 液压四足机器人动力机构负载匹配方法: CN108897318A[P]. 2018-11-27.

[69] Sun M W, Ouyang X P, Mattila J, et al. One novel hydraulic actuating system for the lower-body exoskeleton[J]. Chinese Journal of Mechanical Engineering, 2021, 1: 20-29.

[70] You Y, Sun D, Qin D, et al. A new continuously variable transmission system parameters matching and optimization based on wheel loader[J]. Mechanism and Machine Theory, 2020, 150: 103876.

[71] Hagen D, Padovani D, Choux M. Guidelines to select between self-contained electro-hydraulic and electro-mechanical cylinders[C]. The 15th IEEE Conference on Industrial Electronics and Applications, Kristiansand, 2020: 1-8.

[72] 赵洪伟. 阀控液压缸系统匹配特性模拟与实验研究[J]. 机械科学与技术, 2017, 36(4): 574-578.

[73] Li S N, Shang Y X, Wu S, et al. Investigation the load matching of direct pressure valve controlled variable mechanism of axial variable piston pump[C]. IEEE International Conference on Cybernetics and Intelligent Systems, Ningbo, 2017: 434-438.

[74] Bedotti A, Pastori M, Casoli D. Modelling and energy comparison of system layouts for a hydraulic excavator[J]. Energy Procedia, 2018, 148: 26-33.

[75] 房德磊, 胡瑞彤, 张峻霞, 等. 两级压力源的移动机器人高效率液压系统设计[J]. 天津科技大学学报, 2020, 35 (6): 55-59.

[76] Celikdemir O, Atalay E, Cetin L. An expert system structure proposal for preliminary design of hydraulic drive[C]. Innovations in Intelligent Systems and Applications Conference, Izmir, 2019: 457-461.

[77] Abuowda K, Noroozi S, Dupac M, et al. Algorithm design for the novel mechatronics electro-hydraulic driving system: Micro-independent metering[C]. IEEE International Conference on Mechatronics, Ilmenau, 2019: 7-12.

[78] 孟玲宇, 陈家正, 纪丹阳. 碳纤维复合材料在液压油缸中的应用[J]. 纤维复合材料, 2018, 35 (2): 60-62.

[79] Solazzi L. Design and experimental tests on hydraulic actuator made of composite material[J]. Composite Structures, 2020, 232: 1-9.

[80] 佚名. 全新变频液压站 CytroPac[J]. 现代制造, 2017, 17: 59.

[81] Barasuol V, Villarreal-Magana O A, Sangiah D, et al. Highly-integrated hydraulic smart actuators and smart manifolds for high-bandwidth force control[J]. Frontiers in Robotics & AI, 2018, 5: 1-15.

[82] 张磊, 祝毅, 杨华勇. 基于增材制造的液压复杂流道轻量化设计与成形[J]. 液压与气动, 2018, 11: 1-7.

[83] Sha L S, Lin A D, Zhao X Q, et al. A topology optimization method of robot lightweight design based on the finite element model of assembly and its applications[J]. Science Progress, 2020, 103 (3): 1-16.

[84] Tsirogiannis E, Vosniakos G C. Rede sign and topology optimization of an industrial robot link for additive manufacturing[J]. Facta Universitatis-Series Mechanical Engineering, 2019, 17 (3): 415-424.

[85] 李天箭, 丁晓红, 李郝林. 机床结构轻量化设计研究进展[J]. 机械工程学报, 2020, 56 (21): 186-198.

[86] Solazzi L, Buffoli A, Formicola R. The multi-parametric weight optimization of a hydraulic actuator[J]. Actuators, 2020, 9 (3): 60-1-60-19.

[87] Ma M, Wang J Z. Hydraulic-actuated quadruped robot mechanism design optimization based on particle swarm optimization algorithm[C]. The 2nd International Conference on Artificial

Intelligence Management Science and Electronic Conference, Dengfeng, 2011: 4026-4029.

[88] Yin H B, Yu Y M, Li J F. Optimization design of a motor embedded in a lightweight robotic joint[C]. The 12th IEEE Conference on Industrial Electronics and Applications, Siem Reap, 2017: 1630-1634.

[89] Box M J. A new method of constrained optimization and a comparison with other methods[J]. The Computer Journal, 1965, 8(1): 42-52.

[90] Yin H B, Liu J, Yang F. Hybrid structure design of lightweight robotic arms based on carbon fiber reinforced plastic and aluminum alloy[J]. IEEE Access, 2019, 7: 64932-64945.

[91] Wu H T, Huang Y R, Chen L, et al. Shape optimization of egg-shaped sewer pipes based on the nondominated sorting genetic algorithm(NSGA-II)[J]. Environmental Research, 2022, 204: 1-10.

[92] Yin H B, Liu J, Yang F. Hybrid structure design of lightweight robotic arms based on carbon fiber reinforced plastic and aluminum alloy[J]. IEEE Access, 2019, 7: 64932-64945.

[93] Elasswad M, Tayba A, Abdellatif A, et al. Development of lightweight hydraulic cylinder for humanoid robots applications[J]. Proceedings of the Institution of Mechanical Engineers Part C—Journal of Mechanical Engineering Science, 2018, 232(18): 3351-3364.

[94] Chevallereau C, Wenger P, Aoustin Y, et al. Leg design for biped locomotion with mono-articular and bi-articular linear actuation[J]. Mechanism and Machine Theory, 2021, 156: 104138.

[95] Ding H Y, Shi Z Y, Hu Y S, et al. Lightweight design optimization for legs of bipedal humanoid robot[J]. Structural and Multidisciplinary Optimization, 2021, 64(4): 2749-2762.

[96] Kumar S M, Govindaraj E, Balamurugan D, et al. Design analysis and fabrication of automotive transmission gearbox using hollow gears for weight reduction[J]. Materials Today: Proceedings, 2021, 45: 6822-6832.

[97] Batu T, Lemu H G, Michael E G. Multi objective parametric optimization and composite material performance study for master leaf spring[J]. Materials Today: Proceedings, 2021, 45: 5347-5353.

[98] Li J X, Wang D Y. Study on application of MSOT method for lightweight design of automobile body structure[J]. Advances in Mechanical Engineering, 2020, 12(10): 1-15.

[99] Wang T T, Dong R Y, Zhang S, et al. Research on lightweight design of automobile collision safety structure based on multiple materials[J]. Journal of Physics: Conference Series, 2020, 1670(1): 012004.

[100] 李玉虎, 王宗彦, 刘岩松. 基于 LSTBSVM 与蝙蝠算法的桥式起重机主梁的轻量化研究[J]. 机械设计与制造工程, 2020, 49(1): 15-19.

[101] 宿爱香, 陈增江, 孙文磊. 基于遗传算法的大型门式起重机主梁轻量化研究[J]. 化工装备技术, 2018, 39(6): 18-20.

[102] 宿爱香, 宋继震, 田洪根. 基于 BP 网络和遗传算法组合优化的门式起重机主梁优化研究[J].

特种设备安全技术, 2019, (1): 28-30.

[103] 李光, 孙刚, 乔建强, 等. 基于飞蛾扑火算法的自移式排岩机轻量化设计[J]. 机械工程与自动化, 2020, (3): 86-88.

[104] Lee Y, Park E T, Jeong J, et al. Weight optimization of hydrogen storage vessels for quadcopter UAV using genetic algorithm[J]. International Journal of Hydrogen Energy, 2020, 45(58): 33939-33947.

[105] Shrivastava S, Tilala H, Mohite P M, et al. Weight optimization of a composite wing-panel with flutter stability constraints by ply-drop[J]. Structural and Multidisciplinary Optimization, 2020, 62(4): 2181-2195.

[106] Culliford L E, Scarth C, Maierhofer T, et al. Discrete stiffness tailoring: Optimised design and testing of minimum mass stiffened panels[J]. Composites Part B: Engineering, 2021, 221: 109026.

[107] Chu J J, Wang P C, Wang L, et al. The optimization process of aircraft side panel's weight reduction based on orthogonal experiment[J]. International Journal of Aeronautical and Space Sciences, 2021, 22(6): 1321-1330.

[108] 朱琦歆. 基于状态反馈和重复控制的液压驱动单元位置阻抗控制[D]. 秦皇岛: 燕山大学, 2018.

[109] Kennedy J, Eberhart R C. Particle swarm optimization[C]. Proceedings of IEEE International Conference on Neural Networks, Perth, 1995: 1942-1948.

[110] 杨超, 李以农, 郑玲, 等. 基于多目标粒子群算法的电磁主动悬架作动器优化[J]. 机械工程学报, 2019, 55(19): 154-166.

[111] Quarto M, D'Urso G, Giardini C. Micro-EDM optimization through particle swarm algorithm and artificial neural network[J]. Precision Engineering—Journal of the International Societies for Precision Engineering and Nanotechnology, 2022, 73: 63-70.

[112] Ashraf A, Almazroi A A, Bangyal W H, et al. Particle swarm optimization with new initializing technique to solve global optimization problems[J]. Intelligent Automation and Soft Computing, 2022, 31(1): 191-206.

[113] 许铭赫, 高扬. 基于序关系分析法和自适应噪声完备集经验模态分解法的直升机飞行培训安全风险评估指标权重分析[J]. 科学技术与工程, 2021, 21(14): 6089-6096.

[114] Bai, X S, Lian G F, Liu D C. Multi-Criteria decision making for mechanical product bidding based on ordinal relation analysis[C]. The 3rd World Congress in Applied Computing, Computer Science, and Computer Engineering, Kota Kinabalu, 2011: 278-284.

[115] 马跃. 基于序关系分析法的妈湾电厂节能评估[D]. 北京: 华北电力大学, 2014.